意大利面里的
意大利史

〔日〕池上俊一 著

马庆春 译

南海出版公司

新经典文化股份有限公司
www.readinglife.com
出　品

目录 CONTENTS

序章

意大利面在日本

大受欢迎的意大利面

各位喜欢意大利面吗？如今，意大利面已经成为日本人餐桌上必不可少的食物。后文将会讲到，在意大利面的人均消费量方面，意大利力压世界各国拔得头筹，在总消费量方面，美国或因人口众多而位居世界第一。不过，近30年来，日本的意大利面消费量在急剧增加。有统计显示，40%以上的日本人每周有1～3天会吃意大利面（根据媒体营销网络公司2009年9～10月开展的"主食食用频率"网络调查，调查对象为160名30～49岁的女性），意大利面在日本已然成为日常食物，虽然普及度不及咖喱饭和拉面，但几乎每家咖啡厅的主食菜单上都有意大利面，意大利面专营餐厅也随处可见。

本书将带您追溯长达2000年的意大利历史，看看我们熟悉的意大利面在其故乡意大利是怎样诞生和成长的。在此之前，先为大家介绍一下意大利面在日本的历史。

意大利面在日本的开端

也许您会感到意外，意大利面在日本普及的时间并不是很长。早在幕府末期（约19世纪中叶），横滨的外国人开始食用意大利面，当然，那时意大利面只是外国人的食物。

明治时代，一些书籍以"通心粉"（maccaroni）一词来介绍意大利面，日本的一些爱好者开始食用进口意大利面。或许是因为意大利面是经由北欧和美国传入日本的，当时的吃法是把意大利面作为汤的配料，做成汤面食用。

日本生产意大利面始于1883年。当时，法国传教士多罗（Marc Marie de Rotz）神父在长崎县长崎市外海町（2005年并入长崎市）建造了砖砌平房作为厂房，率先开始生产通心粉。最早生产意大利面（通心粉）的日本人是新潟县一对从事制面业的父子。明治末期（1907～1912年），他们受外国大使馆委托，研发了通心粉生产设备。自此，日本各地陆续开始生产通心粉。

1920～1930年间，明治屋开始进口意大利面，这是日本官方进口意大利面的开端。不过，意大利面在当时可不是普通人能品尝到的食物，即使到了昭和初期（1926～1945年），它仍是少数权贵在酒店和高级餐厅才能享用到的美味。

战后的美式实心细面

度过了第二次世界大战的混乱期，意大利面在日本迅速普及开来。战争结束后，日本厨师看到驻日美军食用比萨饼和意大利实心细面（spaghetti），于是开始模仿制作美式肉酱拌面和那不勒斯面①。

战后不久，日本国内大米严重短缺，驻日美军长期为日本供应大量面粉，开始推行以面包为主食的饮食方式。从那时起，吃面疙瘩汤逐渐成了日本人的一种习惯，意大利面也得以在日本推广。或许这其中隐藏着美国开拓市场的策略——让日本人习惯食用面粉，不过从结果来看，这一举措最终使日本人的饮食得到了改善。

1955 年，富士制糖公司和日本精制糖公司共同出资，成立了日本通心粉公司，即"妈妈通心粉"公司的前身。同年，日本制粉公司也创办了"oh my brand"（我的品牌）公司，生产意大利面。两家公司都引进了当时最先进的意大利原产制面机，标志着真正意义上的日本制意大利面由此诞生。因此，这一年被称为日本的意大利面元年。

---

① napolitain，用帕马森干酪和番茄酱做配料的意大利实心细面，在日本已成为大众美食。

作为配菜的实心细面与通心粉

不过，意大利面并没有马上登上普通日本人的餐桌。说起来，直到近年以前，日本民众甚至连"pasta"（意大利面）这个词都很少用到，只知道实心细面和通心粉。不仅如此，在餐饮领域，意大利菜的知名度远不及法国菜，意大利菜中的实心细面和通心粉仅仅作为西餐的一部分或者配菜，以一种特殊的形式推广开来。

无论是在西餐厅、学校供餐的菜单上，还是在家庭餐桌上，意大利面都是作为配菜或者以沙拉的形式呈现的。而且，作为配菜的意大利面通常以过去在美国流行的番茄酱拌实心细面或者焗烤通心粉的形式出现。本书第 6 章会详细介绍，在美国，意大利面原本就是作为肉菜的配菜上桌的。直到现在，乳酪通心粉和意大利面沙拉（沙拉酱拌煮熟的短意大利面和新鲜蔬菜）在日本仍然很受欢迎，是超市柜台里的日常副食，在餐厅的点单率也很高。

在此后很长一段时间，意大利面尽管已经成为日本人的主食，但口味依然有限。除了极少数高级餐厅，在一般咖啡厅的主食菜单上，意大利面（实心细面）大多是用番茄酱拌的那不勒斯面和肉酱拌面，偶尔能看到培根鸡蛋面（carbonara），仅此而已。

家庭餐厅和实心细面专营餐厅的发展

从 20 世纪 70 年代开始，一些打着"家庭餐厅"旗号的连锁餐厅在日本大受欢迎，成为意大利面走近民众的重要契机。作为家庭聚餐的场所，家庭餐厅氛围轻松，性价比高，那不勒斯面和肉酱拌面自然而然地成为家庭餐厅的人气菜品。同时，这两种面也出现在咖啡厅、学校供餐或学生食堂、公司食堂里，逐渐为大众所熟悉。

这一时期，实心细面专营餐厅开始出现。值得注意的是，意大利面的种类和口味开始多元化，不再仅仅是那不勒斯面、肉酱拌面、培根鸡蛋面，大量新口味酱料开始用于意大利面，业界甚至开发出盐渍鳕鱼子或鲑鱼子、紫苏梅①、纳豆、海苔丝等各种日本风味的实心细面，和意大利本土做法略有不同的意大利汤面（pasta in brodo）等新品也渐次登场（不久后还开发出了意大利凉面）。20 世纪 70 ~ 80 年代，连锁餐厅竞相开发新食谱以吸引年轻消费者，一些意大利面餐厅选用此前少有人知的鲜意大利面，力求做出地道的意大利风味。一时间，意大利风味备受年轻人追捧。实心细面专营餐厅气氛轻松又时髦，成为午餐的优选场所，备受主妇群体欢迎。

---

①选用成熟的青梅，用紫苏叶、蜂蜜和盐腌渍而成。

成为日本的国民美食

从 20 世纪 80 年代末开始，在意大利进修过的日本厨师和一些意大利厨师陆续以东京为中心开设意大利餐厅，可以品尝到包括意大利面在内的地道意大利菜，由此积攒了不少人气。此后，日本的年轻厨师纷纷前往意大利学习厨艺，我在意大利也曾多次遇见他们。当时我正在意大利四处旅行，品尝各地的传统面食，有时吃完走到厨房一看，发现厨师是日本人。

90 年代，意大利风味在日本迎来了极盛时代，意大利菜取代了法国菜，一跃成为时尚西餐的代表。80 年代及此前开设的许多餐厅在激烈的竞争中纷纷倒闭，新餐厅接连开张。随着经济的衰退，价格低廉的休闲餐厅也在不断诞生、消亡，这一时期，日本餐饮业跌宕起伏。全世界仿佛都瞄准了日本人的胃，从原产地进口的各种食材以及各国佳肴纷至沓来。面对激烈的竞争，意大利菜虽然很难继续一家独大，但却在日本生根发芽，稳稳地占据了相当大的市场份额。

日本餐饮业逐渐形成了高级意大利餐厅和平价意大利面馆二分天下的局势。在这期间，意大利面制品进口激增，在日本贸易自由化的第一年（1971 年）只有 390 吨，到 1998 年已增至 81100 吨，翻到了 208 倍。如今，在日本的任何一家超市，都可以买到各种干意大利面和橄榄油。

日本的面文化和意大利面

意大利面在意大利以外的国家成为新的国民美食，这在全世界唯有日本出现。我想，这正是因为日本拥有历史悠久的面文化。

大约在镰仓时代（1185～1333年），面条从中国传入日本，自此，日本的面条爱好者不断增多。不久，人们发明了独特的擀面工具，面条的生产规模大幅度扩大。

首先传入日本的是"素面"。素面于13世纪最初10年传入京都，室町时代至战国时代（约14～16世纪）开始在京都的常设市场内现场制作并售卖，江户时代中期（18世纪）确立了一整套制作方法。

镰仓时代，乌冬面的前身"切面"从南宋传入，其做法与素面不同。素面做法相对复杂，制作时需一边揉面一边将其拉成长条，而切面只需用擀面杖将面团擀成面片，然后像折叠屏风一样层层叠好，再用刀切成条即可，做法相对简单。不久之后，由切面衍生出了乌冬面、扁面条①，作为大米之外的主食或零食，在室町时代京都的寺院、朝廷，以及江户中期以后的平民中间，逐渐深入人心。

---

①又译鸡丝面或棋子面，二者与"扁面条"日语发音相同。

作为日本人的日常食物，常与乌冬面相提并论的还有荞麦面。一般认为，朝鲜的僧人天珍最早在东大寺传授了荞麦面的做法，不过也有不同的说法。无论如何，江户时代（1603～1867年），荞麦面在日本全国范围内得以推广。据说，当时六成以上的餐馆都是经营乌冬面和荞麦面的面馆。

明治维新（1868年）之后，日本人的饮食生活已经部分西化，但面的地位似乎毫未动摇。进入昭和时代（1926～1989年）之后，源于中国的拉面和炒面在日本得到发展，甚至成为日本的国民食物。日本各地的特色拉面更是层出不穷。

从乌冬面、荞麦面、拉面、炒面在日本的发展可以看出，日本人固有的对面的喜爱，以及巧妙地将外来食物融入日本饮食体系的能力，使意大利面成为日本的国民食物。此外，各餐馆不断开发出牛肉盖饭、咖喱饭等既便宜又美味的快餐，这种竞争的餐馆文化无疑也推动了意大利面在日本这一远东国家的进化。

意大利面的故乡

相信各位通过以上简单的概况便能了解，意大利面在日本的出现、被接受和发展，与日本的历史和社会走向紧密相连。

那么，在其故乡意大利，它又经历了怎样的发展历程呢？毋庸置疑，意大利面与意大利 2000 年的宏伟历史密切相关，这一点是日本无法匹敌的。

为了便于大家理清意大利面的历史发展脉络，本书采用以下结构来阐述。

开卷第 1 章着眼于意大利面的原料。最常用的原料当属小麦，不过其他谷物也可以作为意大利面的原料。从罗马时代到中世纪末，小麦是如何变身为意大利面的？让我们循着意大利历史的脚印来揭开答案。其间面与水的两度结合至为关键。

第 2 章聚焦于制作意大利面酱汁所用的主要蔬菜原料上。其中大多是大航海时代引入欧洲的各地产物，但从引入到被人们接受却大费了一番周章。对此，本章主要从文艺复兴至近代初期的意大利史乃至欧洲史的角度来思考，着重强调了意大利南部的大城市那不勒斯的作用。

第 3 章主介绍意大利面的创造者。当然，意大利面并非某个人突发奇想的成果，而是许多人出于生活需要或者对美食的追求逐渐制作出来的。在此我们将区分作为历史主体的"民众"与"精英"各自的贡献。在艰辛的劳动和贫困的生活中，民众为了做出可口的食物，竭力对极为有限的原料加以琢磨，而精英们则把意大利面作为装点宫廷生活的美食，将其加入全套意大利菜系中，做出形色俱佳的精致面食。这一章以中世纪至文艺复兴及巴洛克时代为主要考察时期。

意大利面与意大利各地的风土人情密切相连，由此诞生了各地都有的定式意大利面和地方特色意大利面，第4章将对这一情况予以说明，其多样性让人大感震惊。不过，脱颖而出的地方菜是建立在"意大利菜"这一共同平台之上的，而意大利菜之所以能够成型，无疑是因为"意大利"这一统一国家的建立。因此，本章在分地域介绍意大利20个州的特色面食的同时，追溯了意大利国家统一的历史，以及对意大利菜作出卓越贡献的人物——佩莱格里诺·阿图西（Pellegrino Artusi）。

第5章着眼于女性。意大利面从诞生之初，就与女性，更确切地说是与母亲的形象，紧紧联系在一起。实际上不仅仅是形象，自中世纪以来，揉面、制作意大利面一直就是女性的工作。直至现代，意大利面仍然是"妈妈味道"的典型代表，而烤肉和面包与女性（母亲）都没有这种联系，为什么只有意大利面有着这样紧密的联系？这与塑造了意大利民族的意大利历史有关。我将从以下两方面来思考：意大利女性的民族性格及其历史，以及意图操纵这种民族性格的势力（知识分子、国家、教会等）。

今天如此受人喜爱的意大利面，在意大利本土也曾出现过反对者，第6章将为大家讲述这些轶事。反对者宣称，意大利面深深植根于传统，阻碍了意大利的近代化进程，并煽动民众拒绝食用意大利面。战争、移民、对外国的憧憬，以及来自近代国际政治力量的高压等，都在反对意大利面的事件中发挥了作用。这一章以未来主义文化运动和美国的意大利移民为主题。

最后的结语部分回顾了本书的整体论点，同时对意大利面的发展前景予以展望。

现在，让我们乘上历史的列车，一起追寻意大利面诞生、发展的轨迹吧。意大利面看起来只是普通的食物，其实是宏大而复杂的意大利历史的宝贵遗产——笔者希望这本书能将这一观点传递给大家。如果您能同时以意大利为视角了解到更多欧洲历史概况，笔者将不胜欢欣。

第 1 章

面与水相遇之前

面食大国意大利

有统计显示，2005 年意大利共有约 1 万人供职于 187 家制面厂，年产 319 万吨意大利面（其中约半数用于出口），产量位居世界第一，这些制面厂大部分只生产干意大利面。位居第二的美国年产量为 200 万吨，第三位的巴西为 100 万吨。意大利本土的意大利面产量具有压倒性优势，从这一数据可见一斑。

在意大利面的消费方面，意大利人均消费量为 30 千克／年（毋庸置疑的世界第一，第二位的委内瑞拉远落于后，仅有其一半左右），而这仅仅统计了作为商品销售的干面的消费量。除此之外，"鲜面"占据了意大利人面食消费总量的 1/4，而且在意大利，除了餐馆，许多家庭也会购买面粉自制意大利面，因此在计算意大利人的面食消费量时，还必须把这些无法明确统计的因素纳入考虑。

从某种意义上说，意大利面象征着意大利的国家和民族。如此密切的联系是如何产生的呢？比起米饭和面包，意大利面虽然做法相对复杂，需经过若干程序，可其中也积淀着深厚的文化底蕴，这正是因为意大利面中融入了悠久的意大利历史。

意大利面的种类与定义

想要了解意大利面中蕴藏的历史，不妨从意大利面的种类开始。我们可以从以下四个角度对意大利面进行分类。

首先，从意大利面的原料来看，除了最常见的小麦之外，还有荞麦、玉米、马铃薯、栗子（在古代欧洲，栗子是山区的主食之一）等其他杂粮。例如，著名的马铃薯面疙瘩（gnocchi）就是以马铃薯为主要原料制作的。其次，根据面条的干湿度可分为干意大利面和鲜意大利面，而这两者是用不同品种的小麦粉制成的。前者用的是硬质小麦粉（即杜兰粗粒小麦粉，semolina），并且与后者不同的是，制面时不加入鸡蛋。鲜意大利面则由软质的普通小麦粉制成，其原料与面包和乌冬面相同。此外，还可以从外形上把意大利面大致分为三类：长面条、短管面，以及像饺子一样在面皮里包入馅料的夹馅面食。

最后，从烹饪方法来看，大体可以分为三种。一种是酱汁意大利面（pasta asciutta），其烹饪方法是，将面用清水煮熟，控干后拌上预先备好的酱料，这也是意大利面最常见的做法。

还有一种是所谓的意大利汤面，即将面先煮熟，再盛入菜汤或肉汤中食用。除此之外就是烤意大利面（pasta al forno），将煮至半熟的意大利面控干水分，冷却后加入酱汁调味，再放入烤箱烤制而成。千层面（lasagna）等是此类的典型代表。

尽管意大利面多种多样，不过在本书中，我们不妨暂且将它简单定义为"将谷物磨成的粉加入水制作成形，经水煮或蒸制而成的有弹性的黏性食物"。这样的食物是在何时何地诞生的呢？让我们先来了解一下目前已知的关于意大利面中的"面"诞生之前的历史。

小麦的历史

作为意大利面主要的原料来源，小麦原本是东地中海沿岸的野生植物，公元前9000～前7000年，在美索不达米亚地区开始人工栽培，而后向西地中海地区推广。从某种意义上可以说，埃及、希腊、罗马诸文明都是因为有了小麦才得以繁荣。在这些文明区域，小麦在人们的饮食生活与社会经济方面占据了决定性地位（图1-1）。

然而，进入中世纪后，情况发生了巨变。正如我们今日所知，日耳曼人的侵略、东罗马帝国的再征服引发了意大利动乱，

图 1-1　古埃及描绘小麦栽培的壁画

其结果是，5 ~ 7 世纪意大利的城市和农村遭到了严重破坏，人口衰减，农业生产也随之凋敝（详细内容请参见第 27 页）。此后直到 10 世纪农业生产才逐渐恢复，意大利人因地制宜，摸索出了适合当地的农耕方式，积极开荒治水。其中尤为引人注目的是伦巴第（Lombardia）平原的农业复兴。丘陵地区和山区也兴建起新的村落，并以村落为中心逐步开垦周围的荒地。为了防止过度耕种造成土地贫瘠，确保持续丰收，人们通常会将农田分成三等份，分别是春耕田——初春播种、秋季收割的春小麦、大麦和燕麦田，秋耕田——秋天播种、夏暮收割的冬小麦和黑麦田，以及休耕田，三块地轮番种植、休耕，人们称之为

"三圃制农耕法"。虽然与北欧诸国相比起步稍晚，但这一时期的意大利农民也开始运用此法栽培粮食作物。

中世纪至近代，欧洲各王国和城市当局无视其他一切粮食作物，唯独把维持小麦供需平衡作为农业政策的中心。因此，小麦成为西方文明创造者们最主要的能量来源，地位至关重要。种植小麦，将形态各异的小麦制品作为主食，是希腊、罗马甚至整个西方的饮食传统，本书的主角——以小麦粉为主要原料的意大利面，无疑与这一传统有着极其紧密的联系。

由希腊人传入的面包和橄榄油

罗马时代，人们主要把小麦做成面包食用。面包的做法是如何传入罗马的呢？请随我简单回顾一下古代的历史。

从公元前 20 世纪开始，许多来自印度和欧洲诸民族的人陆续到意大利半岛定居，不久罗马建国。拉丁人也在公元前 1500～前 1000 年在意大利半岛定居，并形成了村落。

随后，伊特鲁里亚人和希腊人给意大利带来了都市文明。起源不明的伊特鲁里亚人于公元前 9 世纪居住在台伯河与亚诺河之间，之后定居托斯卡纳地区（关于意大利的地区及各区首府，请参考第 109 页专栏中的地图）。伊特鲁里亚人曾一度入主罗马，但因内乱而分裂解体，始终未建成统一的政治体，不久败给了罗马，而后被同化。从遗迹中可以看出，其丧葬礼仪极为讲究。伊特鲁里亚文明对罗马产生了巨大的影响，语言、宗教、建筑、制度等方面的影响已有学者指出，除此之外，饮食文化也是其中之一。考古研究发现，在公元前4世纪伊特鲁里亚人的古墓浮雕中，已经绘有制作意大利面时用于和面、擀面、切面的工具。虽然尚未明确，但罗马时代的千层面或许正是继承了浮雕中的面条做法。

另外，早在公元前15世纪之前，希腊人就已经创造了高度发达的迈锡尼文明，并于公元前8～前6世纪在爱琴海边形成了城邦，在地中海沿岸地区、西西里岛（Sicilia）海岸和意大利南部的城镇中也建立了殖民城邦。这些城邦成为播撒希腊文明之光的源头，将希腊文化传播到大希腊地区（Magna Graecia，意大利南部古希腊殖民城邦的总称）。具体来看，希腊的政治体制、文字、诸神、宗教实践等都只是改变了名字和外形后传播至罗马。

教授罗马人制作面包的也是希腊人。在此之前，罗马人主要是把小麦做成粥或者谷物汤食用。罗马当局者认识到了面包作为主食的重要性。他们认为，以正确的方式确保充足的面包供给对于维持国家秩序极为必要，于是建立了面包师培训学校，并特设工会组织，实行严格统一的管理。据说，在奥古斯都

（Augustus）统治下的公元前30年，古罗马共和国拥有329家优质面包厂，这些面包厂全部由希腊人经营。由此可见，希腊人为罗马的发展默默地作出了巨大贡献。

不止于此，希腊人还为罗马带来了一种重要的食材——橄榄油。公元前8世纪，最早的一批希腊殖民者把橄榄油带到了意大利。罗马人开始在意大利半岛、意大利中部和南部大规模栽培橄榄。公元前2世纪，橄榄油取得了主要食用油的地位，常被用作酱汁和汤的调味料。与希腊人一样，罗马人也高度认可橄榄油，认为它是一种营养丰富的优质食材，大量消费。

罗马时代的"意大利面"

罗马时代，小麦制品并非只有面包。罗马人已经懂得将小麦粉加水和成面团（lagane）、擀成大面皮，然后切成小片，交替叠放上肉类，加入调料后送入烤炉烤熟，做成千层面。另一种做法是，把蜂蜜和胡椒拌入面团，擀好后切成细条，然后做成油炸"意大利面"。

罗马最初为王政体制（前753～前509年），随后转为共和制（前509～前27年），公元前27年后迎来了繁荣鼎盛的帝国时代。在初任皇帝奥古斯都的统治下，罗马帝国的版图远远超出意大利半岛的范围，其疆域跨越地中海，包含了从大不列颠到波斯湾、从日耳曼到北非的广阔领土。罗马帝国对这片广阔领土的统治一直延续到 4 世纪末。

罗马帝国为西方文明奠定了许多重要的基石，包括建筑、法律、帝国国教——基督教、历法等，而意大利面的原型也应属于这些宝贵遗产之一。

不过，在罗马时代，尚未产生我们现在所说的真正意义上的意大利面。罗马人虽然已经开始用小麦粉揉制面团（在意大利语中这也被称为"面食"），但只采用烘烤或油炸的烹饪方法，还没有进入水煮或者蒸制这种"与水结合"的烹饪阶段。而面团只有吸足水分，成品的口感才会更爽滑，才能成为真正意义上的面食，和酱汁形成绝妙的搭配。

日耳曼民族的入侵

既然如此，罗马时代诞生的意大利面雏形，此后是否顺利地发展成为现在的意大利面了呢？让人遗憾的是，并非如此。由于日耳曼人入侵罗马帝国，面食及其原料小麦都陷入了"黑暗时代"。

日耳曼民族原本生活在欧洲北部和东部，4～6 世纪开始大规模向罗马帝国迁徙。此时罗马帝国处于东西分裂时期（395 年分裂为拜占庭帝国和西罗马帝国），正逐步走向衰退。后来，雇佣兵队长日耳曼人奥多亚克（Odoacer）废黜了西罗马帝国皇帝，西罗马帝国灭亡（476 年）。

488 年，日耳曼人的一支——东哥特人在领袖狄奥多里克（Theodoric）的带领下攻占意大利半岛。狄奥多里克死后，拜占庭（东罗马）帝国消灭了东哥特王国，皇帝查士丁尼一世（Justiniani）统治意大利半岛。后来，同为日耳曼人一支的伦巴第人侵入（568 年），不久意大利领土被分割成以下状态（图1-2）：南部以及拉文纳（Ravenna）至罗马这一重要地带（拉文纳—罗马中枢地带）为拜占庭帝国所有，北部和中南部为伦巴第领土。在拜占庭统治下的拉文纳—罗马中枢地带的中心，罗马皇帝和罗马教皇同时并存。教皇逐渐取得民众的支持，开始反抗拜占庭帝国的统治。

回溯历史，诞生于公元元年后不久的基督教起初受到了罗马帝国的压制，直到 4 世纪才被罗马皇帝承认。基督教罗马教会的主教被称为“教皇”，其力量日益强大。日耳曼民族原本并不是基督教徒，后来也开始信仰基督教。在日耳曼民族入侵的混乱时期，唯有基督教暗自积蓄了力量。教会的根基在于拥有主教的教堂，这些教堂分别位于几个主要城市的中心，是城市政治、文化、社会的“司令塔”。值得注意的是，这些城市日后

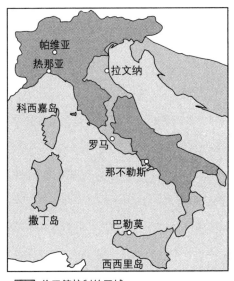

帕维亚
热那亚
拉文纳
科西嘉岛
罗马
那不勒斯
撒丁岛
巴勒莫
西西里岛

■ 伦巴第控制的区域
■ 拜占庭帝国控制的区域

图 1-2　7 世纪的意大利

也成为意大利饮食文化的中心。

　　围绕教义以及罗马主教（教皇）是否比其他主教有优越性等问题，教皇统治的罗马教会与拜占庭帝国首都君士坦丁堡（今伊斯坦布尔）的教会产生了严重的对立。7 世纪到 8 世纪前期，这种对立日益加深。伦巴第王抓住这一可乘之机，一举侵入拜占庭统治下罗马教皇所在的拉文纳—罗马中枢地带。

　　教皇得不到拜占庭皇帝的援助，于是决定与日耳曼民族迅速崛起的另一支——法兰克人联手。当时，法兰克王国占据了欧洲的广大疆域，国王"矮子丕平"（Pepin III）响应教皇的号召介入战争，随后其子查理曼大帝（Charlemagne，原名查理）也插手其中。丕平夺回被伦巴第占领的原拜占庭领地，但并未返还给拜占庭，转而将其赠予教皇，于是在意大利中部开始出现教皇国。774 年，查理攻陷了伦巴第王国首都帕维亚（Payia），伦巴第王国被法兰克兼并，宣告灭亡。

800 年，教皇在圣彼得大教堂为查理加冕，查理曼成为罗马皇帝。他意图重振昔日的罗马帝国，但由于法兰克王国的继承传统（国王或皇帝去世后，由几位王子或皇子平分国家），其统一非常短暂。9 世纪期间，帝国一分为三，即现在的法国、意大利和德国的前身。

在这三个国家中，意大利与其他两国有所不同，它曾屡次遭受外部势力入侵，没有形成统一的国家，此后各地区又以城市国家的形式形成割据的局面，走上了不同的历史轨迹。

日耳曼民族的饮食文化和意大利面的衰退

罗马帝国分裂后，先后曾有伦巴第人和法兰克人等多支日耳曼民族入侵、统治意大利。身为统治者的日耳曼民族人数虽少，但作为封建领主和贵族阶层，统治着众多臣民。日耳曼贵

图 1-3　中世纪王侯贵族梦想的狩猎场景

族的理想饮食生活，与曾经的希腊和罗马贵族以面包、橄榄油、蔬菜为中心的饮食生活有着天壤之别。

　　日耳曼人无肉不欢，尤其爱吃狩得的猎物（图 1-3）。过去有学说认为，罗马时代末期至中世纪初期的日耳曼人以狩猎采集为主，现在更为有力的学说则认为，他们是从事农耕和畜牧的定居民族。入侵罗马帝国后，日耳曼各部族立刻融入当地，开始了农耕生活。不过，日耳曼的自由人以"从士制①"这种军

①日耳曼人规定，身份上平等的两个人按照诚实的原则承担互相援助的义务。从士（封臣）和主君（封主）作为契约当事人身份同等，从士为主君作战，主君供养从士，任何一方违反义务都会造成契约关系的解除。

事主从制度为核心建立人际关系,以战争为主业。此外,由于农奴的存在,贵族们不事生产、高高在上,所以在非战争时期,他们为了追忆祖先往昔的荣光,时常从事狩猎活动。

中世纪的王侯贵族将猎得的野鸡、野猪、野兔、鹿、狍子等各种飞禽走兽端上餐桌,并穷奢极欲地搭配大量肉类食用,以唤起对父辈驰骋山野、猎杀捕食的记忆(即使那只是传说),同时借此对外显示自己的富有和力量(图1-4)。因此,不吃肉的贵族会被视为虚弱、颓废,遭人鄙视。那时,男性的象征就

图1-4 中世纪王侯贵族的用餐场景

是狩猎和肉食，而农业和农作物则被视为"女人性格"的象征。

由此推而广之，在食用油方面，动物油脂也格外受到推崇。北部的猪油、黄油、菜籽油与南部的橄榄油分庭抗礼，一同被端上餐桌。在中世纪的欧洲，橄榄油在食用油领域一直未能取得优势地位，长期用于药品、化妆品和灯油的生产及宗教仪式等。直到近代，随着粉碎和榨油技术的进步，橄榄油才日益普及开来。

当然，作为主食来源的小麦和杂粮依然重要，但由于日耳曼人的入侵，战乱连连，小麦田和其他农田严重荒废。直到公元 1000 年之后，农业才得以复兴。在等级森严的中世纪最初的几百年里，只有富裕阶层才能吃到小麦面包，下层民众只能把斯佩尔特小麦（spelt）、大麦、黑麦、小米、稗子、黍米等杂粮做成面包或者杂菜汤（参见第 59 页）食用。

将小麦粉加水和成面团，用做面包以外的方法烹调——也就是现今流行的意大利面的做法，这一精巧技艺在日耳曼人的统治下被长久地遗忘了。相关史实极少见诸史料，笔者姑且据此推测，意大利面这一高度文明的饮食文化成果，在罗马文明覆灭后的日耳曼人统治时期未能广泛传播。直到倡导古典文化复兴、被称为"12 世纪文艺复兴"的文化运动兴起之时，意大利面才得以"复活"。

意大利面的新生

意大利面销声匿迹了很长一段时间，直到 13 世纪末，萨林贝内（Salimbene di Adam）在其《编年史》中证实了意大利面的复兴。书中记述了作者的见闻，他看到托钵修道士①乔瓦尼（Giovanni da Ravenna）狼吞虎咽地吃一盘乳酪千层面，大为惊讶。在这段故事之前，作者用完全不同的文风，饶有兴致地详细介绍了独具特色的意大利方形饺（ravioli）。

另外，还有一个证言值得注意，它出现在 14 世纪中期托斯卡纳地区的一本食谱集《料理之书》（*Libro della Cocina*）中。书中这样描述了千层面的做法："将白小麦粉加水和成面团，压成薄面皮晾干，放入阉鸡汤（公鸡阉割后更容易长脂肪，肌肉纤维变细、肉质更加软嫩，熬出的汤也更鲜美）或其他肥肉汤中煮熟，然后盛入盘中，撒上高脂乳酪食用……"

13 世纪末至 14 世纪初期，另外一本那不勒斯的《料理之书》（*Liber de Coquina*）中也记载了千层面："将薄面皮切成 3 厘米见方的正方形，放入沸水中煮熟。捞出面片，与足量乳酪层层相叠即可享用，还可以根据个人口味撒适量香辛料。"今天的千层面馅料更加丰富，后续还需要送入烤箱烘烤一下。

---

① friar，云游布道、托钵乞食的僧侣，主要活跃于 12 世纪晚期至 13 世纪初期的欧洲。不同于教会上层的骄奢淫逸，崇尚清贫。

到了 14 世纪，好几本烹饪书中出现了同一种夹馅面食——博洛尼亚馄饨（tortelli 或 tortellini，参考第 95 页），做法和今天的食谱已经非常接近。

　　走出黑暗的沉潜，再度登场的意大利面已经脱胎换骨，不再像罗马时代那样或炸或烤，而是放入牛奶或鸡汤中煮制。这意味着与水结合的真正的意大利面登场了，其中尤为值得关注的是与乳酪的结合。意大利面搭配乳酪非常符合营养学，更重要的是，与乳酪的结合给意大利面带来了蓬勃发展的新机遇。

意大利北部的鲜意大利面

　　从此，一直到中世纪末，夹馅面食、马铃薯面疙瘩、短管面、长面条等多种形式的意大利面陆续现身于史料中。现代意大利面概念中的决定性因素——在烹饪阶段与水结合这一烹调方法也理所当然地被人们接受，酱汁意大利面和意大利汤面逐渐流传开来。

　　因此，虽不能准确断定时间，但在 11 ～ 12 世纪的中世纪盛期，早在萨林贝内的证言出现之前，鲜意大利面就已经诞生，其烹饪方法也与今天相同。

　　这种鲜面诞生于意大利北部。从中世纪初期开始，意大利南部的硬质小麦生产日益兴盛，与此相对，北部地区只出产软质小麦，主要产地是波河流域的平原。北部的人们在家和面制作鲜面（是否放入鸡蛋因人而异），或者从店里购买面食师傅做好的成品，回家烹饪。不过，中世纪时鲜面尚未成为意大利北部普通家庭的日常食物，只有在特别的日子，如举行庆祝、祭祀活动时，或者在纪念日才能吃到。

阿拉伯人带来的干面

干意大利面同样起源于中世纪的意大利。鲜面的故乡在意大利北部，干面则源于意大利南部（西西里岛）。鲜面诞生后不久，人们发明了可以长期保存的干面。自此，意大利面由一种以家庭内部消费为主的手工食物逐渐演变为便于运输和商业化的工业食品。

一般认为，干面是由阿拉伯的伊斯兰教徒传入的。为了方便在沙漠中行进，阿拉伯人必须携带不易腐烂、能长期保存的食品，他们制作的面食就是干面的起源。

从古代到现代，意大利南部和北部经历了截然不同的历史。正如前文所述，西罗马帝国灭亡后，拜占庭帝国统治了意大利南部（参见第 23 页）。9 世纪时，阿拉伯人从拜占庭手中夺走了西西里岛的统治权。大部分伊斯兰教徒迁往该岛西部，在以巴勒莫（Palermo）为中心的地区实行伊斯兰化。此后，从艾格莱卜王朝到法蒂玛王朝，统治王朝不断更迭。到 11 世纪中叶，各地诸侯纷纷扩张势力，形成了割据局面。

　　7 世纪后，伊斯兰势力迅速向地中海地区扩张，震撼了欧洲及基督教世界。首当其冲的是伊比利亚半岛和意大利南部。从 10 世纪初到 11 世纪前叶，意大利南部领土状况如下（图 1-5）：

图 1-5　10 世纪的意大利

西西里岛为伊斯兰领地，意大利半岛最南端和东南部为拜占庭所统治，在拜占庭领地和北方的意大利王国之间还夹着一个伦巴第系的贝内文托公国（9世纪时分裂成贝内文托侯国、萨勒诺侯国和卡普阿侯国）。也就是说，无论是对于伊斯兰世界、拜占庭帝国，还是对于拉丁基督教世界[①]而言，意大利南部都是边境，在这里，民族分裂和民族冲突从未停止过。不过，只有频繁的文化交流才能结出丰硕的果实，这一点毋庸置疑。饮食文化自然也不例外。

西西里岛的风土文化

在意大利南部的伦巴第系居民为脱离拜占庭控制发起独立运动之际，过去被称为海盗的北方诺曼人作为雇佣兵协助伦巴第人，并得到了认可。早在11世纪10～40年代，诺曼人已经夺取了大量土地和领主权。不久，他们率先征服了意大利半岛最南端的卡拉布里亚（Calabria）和普利亚（Puglia），结束了半岛南部的拜占庭统治，随后开始进军西西里。诺曼人欧特维尔

---

①公元8世纪晚期至9世纪，欧洲推行卡洛林文艺复兴运动，为扫除文盲、推广基督教义而普及拉丁语，神学、哲学著作都以拉丁语写作。罗马帝国瓦解后，欧洲人借由拉丁文联系的基督教构建西方精神认同。

家族的罗杰（Roger）于1072年征服了巴勒莫，将伊斯兰教徒从统治者的宝座上赶了下来。此后，罗杰之子罗杰二世再次打败了有独立倾向的诸侯，于1130年建立了由西西里岛和半岛南部组成的两西西里王国①（参见第37页图1-6）。

然而，虽然诺曼人统治了意大利南部，但在西西里岛，伊斯兰教徒仍占多数。行政机关重用伊斯兰教徒，直到12世纪末，诺曼王朝统治末期，岛上的伊斯兰教徒与基督教徒一直和平共处。因此，这里成为干意大利面的发祥地也是情理之中的事。

此外，气候条件也极为重要。西西里岛气候干燥，一年四季光照充足，强烈的海风长年吹拂，具备风干面条的最佳条件。同时，由于意大利南部风土适宜，这里的居民从古代开始就广泛种植优质硬质小麦。至此，制作干面所需的一切一应俱全。

综上所述，10～12世纪，鲜意大利面和干意大利面相继诞生。就面食文化而言，采用软质小麦粉制作的鲜面食代表了北方，用硬质小麦粉制作的干面代表了南方。诞生伊始，意大利面就这样一分为二，这一点十分有趣，其影响至今依然存在：在意大利北部，人们主要食用千层面、意大利卷（cannelloni）、方形饺以及宽缎带面（tagliatelle）等手工意大利面（其中博洛尼亚的手工面尤为著名）；与此相对，南部地区则大多是实心

---

① 两西西里王国此后时分时并，但大多数时间处于同一个政权之下，直至1860年并入撒丁王国，最终成为意大利王国的一部分。

面、通心粉等干面。

阿拉伯地理学家阿尔·易德里斯（Abu Abdallah Mohamed Ben Idrisi）由于为两西西里国王罗杰二世绘制世界地图而广为人知。他曾提及，在距离西西里都城巴勒莫30公里的托拉比亚地区（Trabia），早在1154年已经拥有干面产业。之后，在此生产的大量干面被巨大的货轮运送至地中海的四面八方，包括卡拉布里亚等意大利本土地区，以及其他伊斯兰和基督教徒所在地区。

从热那亚到地中海

早在12世纪，在意大利半岛西端的港口城市热那亚（Genova），商人们就已经开始把西西里产的面条销往意大利北部，他们是干面最主要的传播者（参见第37页图1-6）。意大利南部的干面经巴勒莫港口运抵热那亚，然后成为轮船乘客和旅行者的常备食物。不久，干面成为热那亚的特产。

从11世纪开始，热那亚与同为港口城市的比萨、威尼斯一起，因地中海贸易而兴盛起来。在此之前，在西地中海地区，热那亚已经成为驱逐伊斯兰教徒的强有力的海港城市。11世纪末十字军兴起，并乘势建立了十字军诸国。热那亚与威尼斯、比萨联手承担了这些国家的军事物资供应和人员补给的任务，飞速发展。此后，在曾被伊斯兰国法蒂玛王朝控制的黎凡特海域（Levant，东地中海），海上贸易也转由热那亚操纵。

尽管热那亚不得不就制海权与比萨、威尼斯展开激烈的争夺，不过它始终掌握着西西里的控制权。此外，热那亚将一些东方奢侈品——如香辛料、丝织品、棉织品、砂糖、黄金等销往法国北部，还通过毛织品和白银交易获取了巨大利润。由于城市高度自治，热那亚并未卷入王侯间的政治斗争，其经营活动单纯为了获取经济利益，这也是促进城市发展的有力因素。

热那亚，包括整个利古里亚（Liguria）海岸，虽然地处生产鲜面的意大利北部，却作为干面产地闻名世界，到了19世纪中叶，它与意大利南部的那不勒斯及其周边地区共享了干面产地的声誉。

干面在当时的热那亚极为普及，通过以下史料，我们得以一窥。1279年2月4日，一位名叫乌戈利诺·斯卡帕（Ugolino Scarp）的公证人为一位名叫蓬齐奥·巴斯托内（Ponzio Bastone）的海军做了一份遗产继承清单，其中一项就是"满满一木箱通心粉"，可见，通心粉在当时是值得留作遗产的贵重食品。能留存的显然是干面。这位公证人极为严谨细致，甚至连细枝末节也记录在册，但却没有附加任何说明地使用了"通心粉"一词，可以推测通心粉这种面食在当时的热那亚已是家喻户晓。

教皇和皇帝的对立催生的自治城市

在这样的时代，像热那亚这样的城市何以拥有强大的力量呢？自中世纪至现代，意大利一直是"城市的天下"，城市在政治、经济、文化、宗教等各领域引领着周围的农村，城市的这种地域支配力决定了意大利以城市为中心的政治和社会形态。

中世纪的意大利是教皇和皇帝的纷争之地。法兰克王国灭亡后，消失的"神圣罗马皇帝[①]"头衔随着奥托一世（Otto I）的加冕而复活。在皇权与神权对立的局面下，城市乘机抬头。

10 世纪，在帕维亚被推选为意大利国王的伊夫雷亚边境伯爵贝伦加里奥二世（Berengario II）南下罗马，受到威胁的教皇约翰十二世（Johannes XII）向德意志国王奥托一世求助。奥托率军攻进意大利，打败了贝伦加里奥二世，并向罗马进军。翌年（962 年），奥托效仿查理曼大帝，由教皇为其加冕，成为包含德意志、意大利在内的"神圣罗马帝国"（图 1-6）的皇帝。

至此，在法理上对整个基督教世界拥有统治权威的皇帝诞生了。不久，皇帝与教皇这两种具有普遍影响力的权威之间产生了对立。原因之一在于，奥托曾规定，教皇任职后，在圣别（通过涂油仪式成为神圣的存在）之前应向皇帝献上忠诚誓约。

---

① 800 年，查理曼成为首位获得教皇加冕的罗马皇帝，其头衔中包含了"神圣"和"罗马"两个元素。冠以此名意味着被承认是西罗马帝国皇帝的继承人。

图 1-6 12 世纪的欧洲

此外，在中世纪封建时代，主教和修道院长同时也是封建大领主，教会的大部分财产源于分封所授的领土。而君主相当于主教和修道院长的上一级领主，他们各自将职务和领土向下分封。因此，教会并未从世俗权力中独立出去。

在这样的背景下，教皇格列高利七世（Gregorius Ⅶ）于1073 年即位。他主张教会自由，教会应从世俗权力中解放出来，并希望革新神职人员的道德。他与当时的皇帝海因里希四世（Heinrich Ⅳ）发生了激烈的对抗。在其后近 50 年中，围绕圣职叙任权（即高层神职人员的任免权）问题，圣俗之争从未止息。开除皇帝教籍、废黜教皇这样的情节也在两者之间上演着。

此后，皇帝和教皇之间的斗争反反复复，周而复始。意大利的归尔甫党（Guelph，教皇派）和吉伯林党（Ghibelline，皇帝派）之间的党派之争更加深了这种无休止的斗争。其间，意大利中部和北部相继成立了城市自治体，或属于教皇派，或属于皇帝派。后来甚至出现了这样的局面：即使在同一个城市、同一显贵家族的内部，各支系也分属不同党派，他们各为其主，激烈地争夺政权，事态愈发不可收拾。

不过，虽然城市内部和城市之间的政治争斗错综复杂，但城市自治体却实现了自律性①发展，无论是皇帝还是罗马天主教会，都无法遏制其发展势头以及在此过程中逐渐兴起的市民文化。

发达的自治体和饮食文化

意大利中北部发达的城市自治体大致决定了意大利的历史走向，并且决定了今天意大利城市的空间分布形态。这些城市大部分都曾是独立的城市国家。

---

① 事物自身的发展规律和发展趋势。

米兰、比萨、博洛尼亚、佛罗伦萨、西耶那（Siena）、威尼斯（图1-7）、热那亚等城市自治体，起初（11～12世纪）由主教和贵族统治。后来，市民开始掌握主导权，他们推选出行政官员来管理城市，代表贵族和商人的议会则从旁协助。

每座城市都全力守护着城墙内的市中心区域和周围的农村属地，一旦某一城市意图扩大自己的利益范围，就会与相邻的城市发生斗争。许多城市成为商业中心，不仅承载了意大利本土的交易，甚至还和中北欧有贸易往来。伦巴第商人以及来自托斯卡纳的佛罗伦萨、西耶那、卢卡（Lucca）等地的商人活跃其中。与此同时，阿玛菲（Amalfi）、比萨、威尼斯等海港城市，包括上文提及的热那亚在内，都在地中海贸易中大获其利，彼

图1-7　15世纪描绘的威尼斯港口和城市

此间争夺霸权的斗争也日益激烈。13世纪后，大部分城市的政体都由共和制或寡头制转变为领主制（参见第90页），开始依靠军事力量统治。城市作为拥有领土的国家，统治着周边领土。

城市也是文化中心，在食品的供应、流通，以及饮食文化的发展方面发挥了巨大作用。确保辖区内食品供需平衡是城市政府最重要的课题。为此，政府制定小麦等粮食的价格，储备粮食以备不时之需，征收商品税和流通税，制定市场的买卖制度，约束食品从业者，有时还会限制食品对外输出。由于在城市领土范围内时常出现食品供不应求的情况，政府经常从周边地区的市场甚至边远地区调配食物。遭逢饥荒时，周围农村的农民也会涌入城市。主要城市纷纷设立谷物局，专门负责粮食的采买、储备和供给。

而市民的职责是琢磨出更美味的食物，让周围农民的饮食更考究一些。意大利城市主要依赖周围的农村供应食材，富裕程度高，生活条件优渥，人们追求能够突显地位和名望的珍馐美味的欲望也更强烈，有时甚至会千里迢迢地进口名贵的珍稀食材。第3章将会谈到，宫廷是高级饮食文化的中心，在中世纪盛期之后，宫廷只存在于城市中。

到了近代，城市作为地域的代表，成为区分菜系和厨师身份的标识。即便是来自城市附近的农村、海滨、山岳和湖沼地区的菜肴，也会冠以所属城市的名称，如"佛罗伦萨菜""博洛尼亚菜"等。这些内容将在第 4 章介绍。

那不勒斯的通心粉生产

与此同时，在意大利南部，继西西里岛之后，干面开始在那不勒斯及其周边地区传播，有相关史料为证。例如，那不勒斯近郊的格拉南诺领主焦万·费拉里奥一世（Giovan Ferrario I）的留世著作中就有关于通心粉的记述，并认为它对发烧和结核病有疗效。另外，1295 年，时值安茹家族统治那不勒斯，安茹家族的查尔斯（Charles）在为母妃玛丽（Marie）征收的物品清单中也提到了通心粉。由此可见，干面在当时的那不勒斯依然价格不菲，通心粉是药品或者御用品，对普通人来说是可望而不可即的。

在中世纪很长一段时间里，"通心粉"可以指代任何形式的面食，马铃薯面疙瘩也常常被称作通心粉。不过，在意大利南部史料中出现的通心粉，无论是长面条还是短面条，是空心的还是实心的，全部都是干面。

此后，用硬质小麦粉制作的干面作为意大利南部（特别是那不勒斯）的特产，在整个意大利乃至全欧洲声名远扬。为此，简易的量产之法势在必行。

图 1-8　18 世纪的和面机（左）和压面机（右）

　　起初，作为商品出售的面条，其制作方法略显粗暴：在木桶中倒入面粉和水，制作者抓住垂下的绳子以稳住身体，然后用双脚踩踏着和面。直到 16 世纪末，在巴里（Bari）和那不勒斯出现了用人力、畜力或水力驱动的和面机和挤压式压面机，并在之后渐渐改良（图 1-8）。虽然蒸汽和电力在 19 世纪后期才开始应用于工业生产，但 17 世纪以后，那不勒斯的制面业已经实现了量产。

制面业基尔特的诞生

大约在同一时期，即 16 世纪中期至 17 世纪，在热那亚、那不勒斯、巴勒莫等城市，制面业摆脱了以往从属于面包业的地位，作为独立行业成立了基尔特（guild），并制定了制面业专门的规章制度。

基尔特是由工商业者组成的同行业公会。13 世纪，意大利很多城市都出现了基尔特。

基尔特以谋求同行业者的共存共荣、排除行会外部同行为目的，并为此制定了相应规章。规章严格规定了行会成员的劳动时间和产品的品质及规格标准、制作工艺、价格、销售渠道等，同时也要求行会成员之间和睦相处，并在宴会、节日、葬礼及援助贫困者等方面作出了相应规定。基尔特成员分为师傅、工匠、徒弟三个层级。同时，基尔特也有强弱之分，在许多城市，成为强势基尔特的师傅是工商业者参政的必经之路。

面包业、肉品业等食品行业的基尔特早已存在，不过，最初与面包业基尔特同属一体的制面业基尔特却在很久之后才独立出来。自此，制面业者有组织地一步步奠定了自己的行业力量，生产规模也得以扩大。

但生产过剩也是问题。比如，在 17 世纪的罗马，由于细面条店（vermicellai）数量过多，教皇乌尔班八世（Urbanus VIII）

在 1641 年颁布教令，限制制面业交易，甚至规定面店之间至少保持 24 米的距离。

多样化的面条

这一时代，出现了"maccheroni""vermicelli"（细面条）等词汇，从当时的烹饪书内容可以判断，在中世纪后期，面条的种类和形式呈现多样化趋势。

13 世纪末至 14 世纪初，那不勒斯的《料理之书》中出现了叫作"anciā Alexandrina"的面食，大概就是一种长面条。"anciā"是管子的意思。14 世纪中期，托斯卡纳的《料理之书》在末章单独列出了适合病人的食谱，其中就记载了"热那亚的特里亚面"（tria）的做法——将面条放入杏仁露中煮熟。同一时代，另一本佛罗伦萨的食谱副本中记载了细面条的做法，同样是加入杏仁露中煮熟，然后配上砂糖和藏红花食用。虽然后一个食谱更加详细，但两者几乎是同一种面食。笔者认为，特里亚面也是一种细长的意大利面。

"vermicelli"一词的原意是细长的蠕虫，15 世纪伟大的烹饪大师——科莫（Como，意大利北部米兰以北的城市）的马蒂诺（Martino）在《烹饪艺术全书》（参见第 92 页）中详细描述了制作方法："将面团擀成平整的大面片，用手指切成蠕虫状细长条。放在日光下晒干，可以保存 2 ～ 3 年。"据此可以判断这应该是一种类似今天的实心细面的食物。

除了细面条，马蒂诺还记录了"西西里通心粉"食谱。他写道："如果做两小盘成品，和面时需加入 1 ～ 2 个鸡蛋清以使面条筋道。将和好的面团做成手掌长、稻草粗细的面条。把棉线粗细的细铁丝剪成手掌长或比手掌略长，放在揉好的面条上。用双手在案板上滚动面条，将细铁丝揉入其中。拔出铁丝，中空的通心粉就做好了。"这是史料中第一次明确地用"通心粉"这个词来指代我们今天熟悉的短管面。

马蒂诺还提到了另一种面条——"罗马通心粉"，从食谱来看，它并不是通心粉，而是一种扁平的面条，大概是缎带面（fettuccine）或者宽缎带面。他描述其做法是，将扁平的面皮在擀面杖上卷成筒状，然后抽出擀面杖，切成手指宽的条。这与此后 16 世纪最具代表性的烹饪书作者——克里斯托佛罗·梅西斯布戈（Cristoforo Messisbugo，参见第 95 页）以及巴托洛米奥·斯嘎皮（Bartolomeo Scappi，参见第 93 页）传授的做法大体一致："将其放入煮沸的肥肉汤或者加了盐的开水中煮熟，撒上黄油、乳酪和甜味调料食用。"由此可见，当时的人们常常将意大利面放入汤中，做成汤面食用。

中世纪的意大利人讨厌筋道？

前文追溯了意大利面诞生的过程，最后让我们了解一下煮面方法。对于火候的偏好，中世纪、文艺复兴时期的人和现在大不相同。如今，大多数意大利人、日本人喜欢筋道的口感（不过地域上越往北，人们越喜欢软质面食），但在15～17世纪，人们偏爱软糯的口感。马蒂诺说过，"西西里通心粉"需要"煮2小时"。烹饪书也写道，面条需要煮30分钟至2小时。或许那时的人们喜欢黏黏软软、入口即化的感觉吧。

那么，对筋道的偏好是何时形成的呢？斯嘎皮曾经撰写了一部关于烹饪的鸿篇巨著（1570年），在他的食谱中，煮面的时间依然很长。17世纪初，业余厨师乔瓦尼·德尔·特科（Giovanni del Turco）力图简化斯嘎皮的食谱，他推荐了"有弹性的面"的做法。他认为，"通心粉不需要煮太久"，而且"马上浸入凉水中可以使面条更爽滑"。乔瓦尼出身佛罗伦萨名门，是位音乐家，以牧歌（madrigal，牧歌式抒情诗的合唱歌曲）作者闻名，他的烹饪书 *Epulario* 也为人所熟知。

此后直至18世纪，烹饪书常常忠告读者，柔软的鲜意大利面不能煮太长时间。这种偏好渐渐普及开来。起初只有那不勒斯的平民才喜欢有弹性、有嚼劲的面，随着意大利的统一（第4章将会论述），这种嗜好逐渐蔓延到了北方。

第 2 章

文明交流和意大利面的酱料

昔日的意大利面是什么味道？

接下来我们从历史的角度考察与意大利面搭配的酱汁及调味料。

今天，意大利面的调味料多种多样，主要有番茄酱、肉酱、大蒜、辣椒和橄榄油等。人们煞费苦心地使用各种香辛料、乳酪、黄油、牛奶、葡萄酒、蔬菜、蘑菇、肉类和鱼虾调味，有时还会加入水果。各种食材本身的味道、口感、形状等，与面食的形态和肌理融为一体，使成品美味倍增。

不过，意大利面如此多样的调味方式却是近些年才逐渐出现的。那么，在此之前，烹饪意大利面时常用的调味料有哪些呢？

起初，人们吃面时不加任何调味料。通常是将面放入肉汤（阉鸡汤等）或者杏仁露中，长时间煮制入味。为了防止意大利面盛出后变干，还要加入清汤（consommé）或者肉汁。这种盛在汤或者杏仁露中的细小面条被称为意大利汤面，状态类似于粥。这种汤面的形式一直持续到 18 世纪之后。而现在，普通的酱汁意大利面日益受到人们的欢迎。

富含乳酪的中世纪意大利面

出于味道和营养的需要，很久以前人们就养成了在意大利面上撒乳酪食用的习惯，并流传了下来。早在 1000 年左右，乳酪和意大利面的结合就已经出现。在番茄普及之前，人们吃面时一定会撒上大量乳酪，有时还会加入胡椒或者其他香辛料。所有现存的中世纪烹饪书都证实了乳酪是意大利面的主要调味品。乳酪不仅可以研磨成粉状或者碎屑状，还可以切成薄片。其中最顶级的是帕玛森干酪（parmigiano），因产自帕尔马（Parma）得名。类似的名品乳酪还有产自皮尔琴察（Piacenza）的皮尔琴察乳酪和产自洛迪（Lodi）的洛迪乳酪。而在意大利中南部，占据主流的无疑是用羊奶做成的佩科里诺干酪（pecorino）。

从 15 世纪开始，人们在乳酪中加入黄油，使其味道更加甘甜、柔和，这种做法在意大利北部更为普遍。在 14 世纪的食谱中，有时甚至用加了黄油的乳酪替代猪油。中世纪末，那不勒斯以南地区开始在乳酪中加入橄榄油。

大航海时代的到来与西班牙、葡萄牙的崛起

中世纪时，人们通常将意大利面放入水、牛奶或者汤中煮熟，而后撒上乳酪食用。将这种简单的吃法与现代丰富多样的调味相比较，不难发现，大航海时代从新大陆引入的新食材对于意大利面的发展是何等重要。

所谓的大航海时代是从15世纪末开始的。哥伦布坚信沿大西洋向西航行就能到达印度，他在西班牙女王伊莎贝拉一世(Isabel I)的援助下出海远航，却发现了新大陆（中南美，1492年）。这段历史想必大家早已耳熟能详。此后，欧洲列强纷纷派遣船队驶向世界各地，在全球全力开发资源，形成了有组织的通商网络，并竞相争夺殖民地。

16世纪上半叶，分割世界、统治新大陆的是西班牙和葡萄牙。葡萄牙在印度的果阿（Goa）及马六甲等地建立基地，意图掌控印度洋商圈，垄断香料贸易（图2-1）。与此同时，西班牙占领了加勒比海岛屿和中南美的绝大部分地区，开采金银运回西班牙本土，并从非洲进口黑人奴隶，开始建设甘蔗种植园。除了甘蔗，后文将会讲到的马铃薯、辣椒以及可可等作物也都是西班牙人从新大陆带到欧洲的，这些食材大大丰富了欧洲的饮食文化。

图 2-1　南印度的胡椒栽培

落伍的意大利

当以西班牙、葡萄牙为首的列强在中南美和太平洋岛屿争夺势力范围时，意大利却陷入了被列强统治的悲惨境地。

首先，伊斯兰教国家——土耳其人建立的奥斯曼帝国的势力侵入地中海。奥斯曼帝国于 1453 年消灭了拜占庭帝国，迁都伊斯坦布尔。1517 年，奥斯曼帝国又消灭了埃及马穆鲁克王朝，势力蔓延至埃及，确立了伊斯兰世界盟主的地位，掌握了地中海、黑海以及爱琴海的制海权。意大利各城市的商人虽得到了奥斯曼苏丹（帝国皇帝）的许可，得以继续通商，但却频繁地与帝国发生冲突。

其次，由于新大陆的发现，地中海通往大西洋的航路改变了，中世纪时受惠于黎凡特贸易的意大利港口城市遭到了沉重的打击，比如在亚洲香料贸易方面。起初，葡萄牙利用绕过好望角通往印度的新航路，垄断了印度洋贸易。不久，葡萄牙的垄断瓦解，于是经由地中海通往亚洲的旧航路复活。然而，与奥斯曼帝国关系友好的英国和法国几乎垄断了这些交易，意大利港口城市的海外经贸活动持续低迷。威尼斯、热那亚等城市失去了往日的荣光，大航海时代的意大利成了欧洲经济的落伍者。意大利的贵族纷纷弃商从农，通过经营土地谋取利润，从商人转变为地主。

西班牙统治下的那不勒斯和新食材

尽管意大利落后于新时代的潮流，不过来自新大陆的食材也被引入了意大利。15世纪中期以后，意大利南部的那不勒斯王国沦为西班牙殖民地，被纳入西班牙的经济体系。

前文已述，诺曼人在意大利南部建立了两西西里王国（参见第33页）。1189年，诺曼人的统治结束，教皇和德意志诸侯卷入斗争，霍亨斯陶芬王朝的神圣罗马帝国皇帝临时兼任两西西里王。1268 年，霍亨斯陶芬王朝承袭断绝，法国安茹家族和西班牙阿拉贡王族就王位展开了旷日持久的拉锯式争夺。其结果是：到 14 世纪，安茹家族统治了意大利半岛南部（那不勒斯王国），阿拉贡一族则登上了西西里岛（西西里王国）的王位。

此后，那不勒斯王国内部的势力斗争依然很复杂。统治西西里岛的西班牙阿拉贡王国的国王阿方索五世（Alfonso V）趁机征服了那不勒斯王国（1442 年），成为两西西里王，同时称霸那不勒斯和西西里。不久后，随着西班牙由阿拉贡王国变成西班牙王国（参见第 64 页），那不勒斯成了被西班牙总督统治的附属国。1701 ～ 1714 年，西班牙发生王位继承战争[②]，西班牙王室被波旁王朝取代。然而，除却这种一时的例外，西班牙统治意大利南部这一基本状况却没有改变，一直延续到意大利国家统一（1861 年）。

在西班牙统治时期，意大利本土的诸侯和骑士的权利都被抑制，城市自治体也完全处于被压制状态。拥有特权的外国人从事商业，宫廷的高级官职与王国的财政实务全部被外国人独占。大贵族、来自宗主国的王族与王权相勾结，占取了广阔的领地。大贵族和本土贵族都要向西班牙国王献上忠诚誓约，并通过服兵役来获取特权。领主掠夺农民、本土人为外国人牺牲

---

② 西班牙国王卡洛斯二世逝世无嗣，与法国波旁家族、奥地利哈布斯堡家族都有近亲关系。双方为争夺王位爆发战争，欧洲大部分国家卷入其中。

的模式也一直持续着。

与此同时，意大利中北部城市向那不勒斯王国和西西里王国（阿方索五世死后两西西里王国分裂）出口毛织物等各类商品，从南方进口小麦等粮食和原料。意大利统一后日渐明朗的南北问题——南方在经济上从属于北方，从这一时期就开始显现出来。在这种情况下，意大利南部城市无法像第1章提及的中北部城市自治体那样得到充分的发展，也无法形成意大利北部那种以城市为中心、城市支配周围农村的城乡关系。

在西班牙的统治下，意大利南部的农民穷困潦倒，自然谈不上幸福。不过，来自新大陆的食材可以在第一时间从西班牙运抵意大利南部，单就饮食文化的发展而言，这是明显的优势。

辣椒的登场

与意大利面相关的香辛料，既有从古代和中世纪开始就一直使用的胡椒、肉桂等，也有许多这一时代新引入的香辛料，它们竞相登场，日后成了意大利菜的宠儿。

在诸多新引入的香辛料中，尤为重要的一种当属辣椒（图2-2）。它与后文将要讲到的番茄都成为现代意大利菜——如蒜香橄榄油辣味意面，用大蒜、橄榄油、红辣椒烹调的意大利面——的必备食材。这两种食材都是在大航海时代从美洲大陆引入的。与番茄不同，辣椒较早融入了意大利人的饮食生活，在16世纪便广为普及。以淀粉类食物为主的农民饮食是意大利饮食的基础。辣椒这种对味觉具有强烈刺激性的香辛料，或许正因为能够给平淡的饮食带来风味的变化，才得以迅速被人们接受，并日益变得不可或缺。那不勒斯的博物学家、剧作家吉安巴蒂斯塔·德拉·波尔塔（Giambattista della Porta）在16世纪末时曾这样断言："人们将会尽可能多地用辣椒做调味料。因为它的味道可以使酱汁成为不可多得的高级调味品。"

PEPE D'INDIA.

图2-2　早期的辣椒

　　不同于胡椒，辣椒是一种容易栽培的作物，在意大利南部更是如此。当地人立刻开始推广辣椒的种植，辣椒成为民众日常必备的调味料。至今意大利南部仍然是重要的辣椒产地，当地人在烹制菜肴时大量使用辣椒。

砂糖和甜味意大利面

这一时代，砂糖也开始用作意大利面的调味料。在过去砂糖缺席的时代，蜂蜜是唯一的甜味调料，弥足珍贵。在中世纪，若想得到蜂蜜，必须深入被郁郁葱葱的绿意笼罩了一层神秘面纱的茂密森林中，寻找野生的蜂群。虽然不久后养蜂业出现，但大多集中在北欧的森林中，而且处于领主的严密监控之下。

在伊斯兰教徒统治的西西里岛和塞浦路斯岛（Cyprus），人们较早开始了甘蔗的栽培。同一时期，十字军也将甘蔗的栽培和制糖技术传入了欧洲。然而，直到16世纪，在西班牙统治的加勒比海诸岛和葡萄牙人统治下的巴西开始建设大规模的甘蔗种植园之后，砂糖才得以普及。因此，中世纪时砂糖被当作药物或香料使用，只有贵族才消费得起。大概也只有贵族才能将它用在意大利面中吧。

第1章介绍过的科莫的马蒂诺大师在"西西里的通心粉"这一食谱中记载："将通心粉盛入小盘中，撒上足量乳酪、生黄油和甜味调料。"此后至近代，砂糖、肉桂和乳酪成为意大利面不可或缺的伴侣。16世纪，梅西斯布戈也在著作中多次指出，宫廷宴会上的通心粉和细面条需要撒上蜂蜜和砂糖。在斯嘎皮的烹饪书中，几乎所有关于意大利面的食谱中都有撒上乳酪、砂糖和肉桂粉的做法。

据说，13世纪时神圣罗马皇帝腓特烈二世（Friedrich II）极为喜爱的一道菜便是"甜味酱汁通心粉"。这位皇帝也喜欢享用撒了砂糖的意大利面。除了砂糖、蜂蜜以及肉桂、肉豆蔻等带有甜味的调味料，富人们还会在意大利面中加入生姜、藏红花、杜松、莳萝等香辛料。在当时，大量使用香辛料实属奢侈，也是高贵身份的象征，而穷人最多只能使用乳酪。

如今，这种甜味意大利面在意想不到的地方留下了痕迹。意大利语中表示甜味面的"maccheroni"一词演变成法语中的"macarons"（马卡龙，一种蛋白杏仁甜饼），这是今天的甜点店中常见的一种点心。

与番茄的邂逅

大航海时代，欧洲从新大陆引入了许多前所未闻的蔬菜，它们深深植根于意大利的饮食文化中。尤其值得关注的是作为意大利面配菜使用的蔬菜。一些蔬菜甚至成了意大利菜的代名词，其中首屈一指的当属番茄。

番茄原产于南美安第斯山脉西侧的秘鲁和厄瓜多尔，后来传播至中美地区。16世纪前期经由西班牙传入欧洲，最初被当作珍稀的观赏植物（参见第58页图2-3）。据意大利史料记载，

图 2-3　早期的番茄

1554 年，一艘西班牙帆船驶入那不勒斯港口，船上的货物中就有番茄种子。

最初，番茄因为与颠茄、天仙子、曼陀罗等有毒植物形似被视为危险植物，不为人们接受。直到 17 世纪，人们才开始种植番茄。因为色泽鲜艳，番茄被当作观赏植物种植在菜园中、院子里或阳台上，成了馈赠佳品。在饶有兴致地观察它的特性的同时，一些勇士也开始品尝番茄的味道。

其中的先驱者就是西耶纳的医生彼得罗·安德里亚·马提奥利（Pietro Andrea Mattioli）。1554 年，经过仔细地观察和缜密地思考，他判断，番茄这种"金苹果"和另外一种茄科植物茄子都可以食用。他还建议，可以将番茄抹上胡椒和盐，用橄榄油煎熟，也可以把它煮熟切成片，放入橄榄油或黄油中炸制，然后用盐和胡椒调味。这种具有先见之明的烹饪方法本应成为日后食谱中番茄的基本做法，然而不知何故，16～17世纪的厨师却回避了这种烹饪方法，并未将其写入菜谱。关于番茄酱诞生的原委，我将在本章末尾予以说明。

南瓜和意大利面

在大航海时代，还有其他一些非常适合搭配意大利面的蔬菜传入意大利。其中当然少不了用作意大利面配菜的茄子和西葫芦，不过就与意大利面结合的紧密程度而言，能与番茄相提并论、值得细说的当属南瓜。南瓜品种极多，从远古时代开始便散布在地球的各个角落。罗马时代的意大利人认为南瓜有益健康，并琢磨出多种食用方法。此时，从新大陆引进的南瓜新品种，再度燃起了意大利人对南瓜的兴趣。到16世纪初，南瓜开始流行起来。

从15世纪末的普拉蒂纳（Platina）到19世纪的阿图西（第4章将予以详细介绍），许多名厨的食谱中都介绍了南瓜的做法，比如，南瓜可以做成杂菜汤（minestra，用豆类和蔬菜做成的汤）、馅饼（torta）、炸糕（frittelle，面粉中加入砂糖、牛奶、鸡蛋等，整形后炸制而成）。除了用来做汤或点心，南瓜还可以和肉类、乳酪或者鸡蛋一起烹调，做法五花八门。

在意大利东部的波河流域，尤其是费拉拉地区（Ferrara），人们用南瓜做出了十分考究的菜品。据 16 世纪的御厨（宫廷厨师长）克里斯托佛罗·梅西斯布戈和乔瓦尼·巴蒂斯塔·提埃波罗（Giovanni Battista Tiepolo）记载，当时食谱中介绍的一种做法是，在去瓢的南瓜中填入野鸡或鸡的碎肉块，或者将腹中填馅的整只鸽子放入南瓜中；另一种做法更为考究，把南瓜泥用乳酪调味，然后当作馅料包入馄饨（参见第 95 页）中，煮熟后搭配阉鸡肉享用。

据史料记载，早在 1548 年，费拉拉公爵埃斯特（Este）家的餐桌上就已经出现了南瓜馄饨。16 ~ 17 世纪对南瓜馄饨而言无疑是具有划时代意义的一个时期。当时，多种南瓜从美洲大陆传入欧洲，厨师们由此开发出多种南瓜意大利面。

对于意大利面而言，南瓜极具革新意义，这是因为南瓜兼具金黄的色泽和甘甜的口感。在引入南瓜之前，厨师们为了使馄饨口感甘甜，会用到砂糖、杏仁或杏仁露等食材，每一种在当时都价格不菲。为了使成品呈金黄色，还要用藏红花来上色，藏红花同样价格高昂。而从美洲引进的南瓜同时解决了味道和色泽两个难题。金黄甘甜的馄饨原本只是达官贵人才能品尝的珍馐，但由于南瓜的出现，乡下人也吃得起了。

虽然无法断定具体时间，但在意大利中东部波河流域的曼托瓦（Mantova）和费拉拉等地区，南瓜馄饨从宫廷走向了街巷，先被作为平安夜的节日面食推广，之后逐渐变成了一年四季随时可以吃到的地方名菜。不过，南瓜在整个意大利范围内普及却是在很久之后，直到进入 20 世纪，它才融入寻常百姓的饮食生活。

玉米和马铃薯

接下来，让我们把目光转向谷物和薯类。玉米和马铃薯对于近代意大利面的发展也是不可或缺的。

首先来看玉米。早在 1493 年，玉米就由哥伦布移植到欧洲，并迅速适应了当地环境。16 世纪初，西班牙开始种植玉米。1530 ～ 1540 年，威尼托（Veneto）等意大利北部地区也开始种植玉米。

玉米不仅可以代替其他谷物，还可以用作饲料。它既可以种在休耕田里，也可以种在农民的菜园中供自家食用。起初，由于欧洲人的偏见①，玉米并没有被作为人类的食物推广。进入 17 世纪后，这种偏见逐渐改变，在一些以粗粮为主食、自然环境恶劣的地区，玉米取代了黍米、小米，成为主要粮食作物之

————————————
①欧洲学者带着优越感地认为，欧洲的自然和人类文明都处于进化的最前端，因而将来自美洲的玉米视作"低等"植物。

一，在意大利北部的部分地区更加普及。从 18 世纪末开始，玉米的种植逐渐推广到意大利全境，下层平民普遍食用玉米。

马铃薯也是一种舶来的新作物。16 世纪 30 年代，西班牙人在新大陆发现了它。16 世纪末，马铃薯经由西班牙传入欧洲各地。不过，当时只有英国人对其大加赞赏。

在意大利，马铃薯在相当长的时间内不被认可，甚至超过了人们接受玉米所需的时间。马铃薯让人们联想到芜菁和栗子，这两种作物从中世纪开始便受到轻视。人们认为马铃薯难以消化，直到两百年后才将其用作家畜的饲料。16 ~ 17 世纪，赤足加尔默罗会②的修道士种植了马铃薯，但只用作猪饲料，即便是遭逢饥荒的农民也不曾食用。

马铃薯这种优质粮食作物无论是在贫瘠的土地上，还是在严酷的气候中都能顽强生长，但直到 18 世纪后它才被人们接受并作为食物。18 世纪时，严重的饥荒使人们改变了对它的态度。公职人员、知识分子以及土地所有者率先食用马铃薯并产生了宣传效果，曾经视其为劣质食物、拒绝食用的农民也终于开始在自己的田地里种植马铃薯，并把它端上了餐桌。19 世纪 40 年代，马铃薯终于得以大规模普及，为养活日益增长的人口作出

---

② 1562 年，西班牙特蕾莎圣女（Teresa of Avila）整顿加尔默罗会（天主教托钵僧修会之一），强调苦修，并于 1593 年建立赤足加尔默罗会。因其在阿维拉的寒冬依然赤足穿拖鞋修行而得名。

了巨大贡献。

作为一种后来引进的食材，马铃薯也与意大利面产生了联系。它取代了此前的普通小麦粉和做面包用的硬质小麦粉，成为制作马铃薯面疙瘩的原料，是意大利北部面食文化中不可或缺的存在。这样的表述似乎还不够准确，事实应当是这样的：人们根据马铃薯的组织特征判断，可以对它进行进一步精细地加工，从而创造了马铃薯面疙瘩这种面食，马铃薯也因此得以为人们广泛接受。

荞麦

最后介绍的荞麦并非来自新大陆，而是来自东北欧，16 世纪在意大利北部广泛种植。它之所以能在意大利推广，也是因为能用来做意大利面，其中具有代表性的知名面食是荞麦糊。糊糊（polenta）是在水或汤中加入谷物粉末，长时间煮制，并不断搅拌制成的一种食物。

荞麦做成的灰色糊糊与中世纪后用黍米做成的黄色糊糊平分秋色，在另一种黄色糊糊——玉米糊登场之前，它一直是意大利北部的典型食物。在意大利著名作家亚历山德罗·曼佐尼（Alessandro Manzoni）的小说《婚约》（以 17 世纪为背景）中，贫穷的托尼奥一家饱受饥饿的折磨，全家人围坐在餐桌前，而桌上唯一的食物正是灰色的荞麦糊。大餐盘里盛满小山般的糊糊，在中央挖出一个小洞，放入黄油使其融化，然后将表面的糊糊抹平再食用，这是当时流行的吃法。

被掠夺的意大利南部

作为今天的意大利面中不可或缺的一部分，番茄酱诞生于17世纪末的那不勒斯。

正如前文所述，意大利南部从中世纪初期到近代几乎一直处于外国势力的统治之下。在16～17世纪这两百年间，那不勒斯王国在政治上更是陷入了极度黑暗的时期。

1469年，阿拉贡王国和卡斯蒂利亚王国因两国王位继承人联姻合而为一，称为"西班牙王国"。1516年，两国国王的孙子（外孙）——继承了哈布斯堡家族名门血统的卡洛斯一世（Carlos I）即位，成为西班牙国王。随后在1519年神圣罗马皇帝的选举中，卡洛斯一世战胜了法国国王弗朗索瓦一世（Francois I），成为罗马皇帝查理五世。如此一来，将中南美、菲律宾等地都收入囊中的西班牙帝国正式建立了。然而，作为帝国行政支柱的宗主国西班牙王国，其财政赤字却非常严重，并影响到了那不勒斯王国。

那不勒斯王国地处遥远，被视为西班牙王国"边境的乡村"，由西班牙总督统治，官员几乎全是外国人。他们为了个人和西班牙的利益，大肆掠夺意大利的经济财富。

那不勒斯王国拥有中央集权制的行政和司法体系，国宝财富不可小觑。其政治体系细化至王国和教会的各个部门，官员数量庞大。他们费尽心思地制定了五花八门的手续，以收取手续费作为国家财政及个人的收入来源。官员、法律专家、律师、书记员和地主等共同构成社会的统治阶层，在华丽的宫廷中展开政治生活，并从中牟取私利——尽管他们大多数人只有名誉上的官职。

与此相对，农民和城市劳动者却因为贫困而苦苦挣扎。他们占据人口的大多数，世世代代生活贫苦，终于忍无可忍，爆发了叛乱。1647 年，西班牙强行征收水果税，那不勒斯的渔夫马萨涅洛（Masaniello）发动同胞起义，虽然失败了，却为未来的斗争埋下了火种。

从"菜食者"到"面食者"

在那不勒斯这个被西班牙统治的王国的首都，从 15 世纪下半叶至 17 世纪，人们一直酷爱食用西蓝花和卷心菜等绿叶蔬菜，甚至被称为"菜食者"（mangiafoglia）。据 16 世纪末贵族出身的银行家、知识分子兼艺术品收藏家，大名鼎鼎的朱斯蒂尼安（Vincenzo Giustiniani）的观察，那不勒斯人每天要摄入大量绿叶蔬菜、西蓝花和水果，可以说到了着迷的程度。他们在菜园里种满了各种结球类蔬菜，包括卷心菜、西蓝花、菜花、芽甘草、皱叶甘蓝、紫甘蓝等，一年四季都在食用。将蔬菜放入水中煮熟，再加适量盐、胡椒、橄榄油和少许柠檬汁简单调味，对当地人来说便是十分美味的菜肴。据说，无论是穷人还是富人，每天的餐桌上都少不了这些蔬菜。此外，他们还大量食用肉类。

不过，随着时间的流逝，那不勒斯人的饮食逐渐由蔬菜和肉类的组合转变为以面食为中心。第 1 章讲过的实心细面（细面条）从 1647 年那不勒斯的马萨涅洛起义后便开始普及，那不勒斯人由此变成"面食者"（mangianmaccheroni）。前文已经说明，"maccheroni"并非仅限于现在的通心粉，而是泛指所有的意大利面。贫穷的普通民众终于也吃上了意大利面，意大利面逐渐上升为主食，开始输往意大利各地和其他欧洲国家。

填饱那不勒斯人肚子的营养食物

　　为什么意大利面在 17 世纪的那不勒斯得以普及？ 17 世纪中期，那不勒斯人口从 15 世纪的 7.5 万人激增至 40 万人，此后由于大规模流行性瘟疫而锐减，到 18 世纪末再次恢复到 40 万人。从某种角度来说，意大利面的普及是应对人口急剧增加和营养不良的一种对策。由于人口大大增加，肉类供不应求，很多普通人吃不起肉。在这样的情况下，意大利面虽然无法完全代替肉类，但其原料——杜兰粗粒小麦粉富含植物性蛋白质，如果食用时再撒些乳酪，适量补充动物性蛋白质和脂肪，就基本可以满足人体所需的大部分营养了。

　　17 世纪下半叶，农业技术的改良和灌溉设备的引进使意大利北部的粮食产量显著提高。与此相对，意大利南部的封建领主不思进取，并未着力经营和改善土地。即便如此，在那不勒斯广阔的土地上，尤其是富裕的农场中，依然形成了能够集中管理粮食等各种原料的生产的组织。值得庆幸的是，随着意大利北部粮食产量的提高，那不勒斯对中北部各城市的粮食出口减少。饥荒结束后，当地普通民众的人均小麦、意大利面供给量得以增加。1758 年的相关报告书显示，这一年用于生产意大利面的面粉总量约 1132 吨，人均消费量约 31 磅（约 14 千克，稍稍超过意大利现在的人均消费量）。考虑到当时那不勒斯市民的生活远比今日贫困，这一数字是非常惊人的。

意大利面在那不勒斯自产自销，在市民阶层（确切地说是经济上有一定富余的人群）的饮食中逐渐占据了首要位置。尽管意大利面诞生于中世纪的西西里并经由热那亚广为传播，但那不勒斯及其文化的影响对于近代意大利面的普及意义重大。在上述过程中，17世纪的那不勒斯人获得了16世纪西西里人留下的"面食者"这一绰号。17～18世纪，在意大利南部乃至意大利全境，意大利面出现在各阶层的餐桌上，当时的外国游客目睹了这样的情景并记录了下来。

从18世纪开始，意大利面作为那不勒斯最早的街头食物

图2-4　那不勒斯的露天摊位在出售意大利面

出现在大街小巷的露天摊位上，在大锅中煮熟后盛出售卖（图2-4）。起初，这种面条不加任何调料，或者仅用胡椒和乳酪粉调味，那不勒斯食客灵活地用手抓食。摊位旁的容器中盛放着堆积如山的乳酪粉。1787 年 5 月 29 日，大文豪歌德在他的《意大利游记》中写道，各种各样的意大利面遍布那不勒斯的各个角落，并且价格低廉。

近代的技术革新和普尔奇内拉

技术革新也推动了意大利面在那不勒斯的普及。在 18 世纪后半期开始的产业革命中，以蒸汽、电力为动力的和面机和压面机相继出现。

促成制面业机械化的是两西西里王国的国王斐迪南多二世（Ferdinando II），他委托工程师切萨雷·斯帕达奇尼（Cesare Spadaccini）研发制面机。斯帕达奇尼成功设计出制面机并撰写了报告书，然而这种机器却未能得到普及。在此后的技术革新中，制面机得到进一步的改良，终于普及开来，大大降低了意大利面的生产成本。随着机械化带来的高效量产，下层贫民也终于吃上了意大利面，意大利面成为劳动者的食物。

在那不勒斯文化中，小丑普尔奇内拉（Pulcinella，图 2-5）

图 2-5　普尔奇内拉和意大利面

象征着贫穷悲惨的贫民，总是食不果腹。在 18 世纪后，特别是 19 世纪后的那不勒斯喜剧中，通心粉总是伴随小丑出现。经常饿肚子的普尔奇内拉的梦想就是用通心粉把肚子填饱。他在各种喜剧中用满怀憧憬的口吻诉说着对通心粉的向往。比如，他的恋人克拉丽斯问道："亲爱的普尔奇内拉，你梦到了什么？"普尔奇内拉回答："我梦到了盛满通心粉的大盘子，上面还放着肉丸。我伸手抓起通心粉和肉丸，然后摆好姿势，把它们扔起来落入我的口中……"

番茄酱的诞生

下面，让我们回顾一下番茄。此前提到，大航海时代传入欧洲的新食材之一就是番茄。那不勒斯人将这一食材本土化，并完美地融入了意大利面中，这就是番茄酱。

17世纪末，那不勒斯厨师安东尼奥·拉蒂尼（Antonio Latini）往返于马切拉塔（Macerata）和罗马之间，为教会高层和城市贵族服务。他在食谱中记载的"西班牙风味番茄酱"，为日后番茄俘获意大利人的口味奠定了基石。其做法是：将熟透的番茄放在炭火上烘烤，轻轻剥去表皮后用小刀切碎，与切碎的洋葱、胡椒、百里香或青椒等混合，再用盐、油、醋等调味。后来配方中去掉了百里香，调整后的番茄酱被广泛用于意大利菜肴中，大放异彩，成了经典酱料。

拉蒂尼建议将番茄酱洒在煮熟的肉上食用。此后，那不勒斯的厨师们苦思冥想，琢磨番茄酱的食用方法。到18世纪后半期，意大利面与番茄酱紧密结合在一起，那不勒斯也成为意大利面食业的中心。19世纪初，走街串巷的小贩开始售卖番茄酱。布翁维奇诺公爵伊波利特·卡瓦尔坎蒂（Hippolyte Cavalcanti）在《理论及实践的菜肴》（1839年）中收录了"番茄酱风味细面条"的食谱。这是第一次有文献记载的番茄酱与意大利面的结合。此后，番茄酱以锐不可当之势迅速俘获了意大利人的胃，消费量激增。

各地的酱汁

　　宫廷的精英厨师们绞尽脑汁研制各种酱汁，这一点不必赘述。到 17 世纪末，普通百姓也开始努力用本地食材制作地方特色酱汁。比如，在艾米利亚地区（Emilia），人们喜欢用核桃酱或者里科塔乳酪（ricotta）搭配栗子粉，做成马尔塔利亚蒂面（maltagliati，一种菱形片状的切面）。在皮埃蒙特地区（Piemonte），用家禽内脏做成的酱汁和以羊肉为主料的肉末酱（ragu sauce，将肉和鱼切碎后炖煮而成的酱汁）非常流行。还有多种其他酱汁，笔者将在第 4 章介绍地方菜时补充说明。

　　总之，辣味番茄酱意面和蒜香橄榄油辣味意面等意大利面都是后来才出现的。这也是必然的，因为当时还没有引进辣椒。那时意大利面的调味主要依靠乳酪，今天广为流传的番茄酱意大利面直到 18 世后半期才出现，到 19 世纪 20 年代形成了固定的食谱。关于各地区的特色面食，具体内容请参见第 109 页的专栏介绍。

第 3 章

穷人的梦和精英的考究

中世纪农民的生活

在第 1 章和第 2 章中，我们结合古代至近代的意大利历史，可以看出，意大利面与意大利国家和国民之间有着不可分割的联系。

说到意大利文化的主要塑造者，可能首先想到的是社会"精英"阶层。然而在饮食文化方面，大多数"民众"的力量也不容小觑。在意大利，大部分食材进入了民众口中，与饮食相关的生活方式和生活智慧也主要源于民众。在我看来，精英们正是在此基础上加以精细化，使其更加考究，从而发展出丰富的饮食文化。本章我们将通过观察民众和精英中具体人物的饮食面貌和餐桌风景，了解意大利面发展成"菜肴"的过程。

在第 1 章我们了解到，中世纪时意大利面实现了在烹饪阶段与水的结合（这种烹饪方式和现在一样）。这一时期，意大利面诞生并开始普及，与此同时，民众（农民）与领主的关系又是怎样的呢？让我们先了解一下这方面的情况。

纵观整个中世纪，农民一直从属于领主，领主拥有土地。农民又分为佃农和农奴，农奴毫无人身自由，被迫在领主的直营地上劳作。佃农则从领主手中租种土地，代价是每年缴纳地租。各庄园的地租不尽相同，通常是租地上 1/3 ～ 1/2 的实物收成（如小麦、葡萄酒等）。在耕种租地的同时，佃农还要无偿承担耕种领主直营地的赋役（图 3-1）。赋役一般是每周 1 ～ 2 天，根据季节佃农也可能会集中在一段时间内服役。此外，农民如果借用研磨小麦的水力石磨或者烤面包炉，也要向领主支付大量的金钱或小麦、盐等实物——拥有石磨和烤面包炉是领主的特权。

显然，在中世纪的农村，身份等级的差别非常显著。饮食方面同样如此。农民不能像领主那样随心所欲地吃自己喜欢的食物。他们虽然耕地种麦，但收成要用来向领主支付地租，

图 3-1　在领主的城市和庄园工作的农民

或者拿到市场上售卖，换取生活必需品。他们很少能吃到纯小麦粉做的白面包，不得不掺杂着食用其他杂粮。苹果、桃子、梨等水果对农民来说都是奢侈品。即使他们在果园中种植了这些果树，收获的水果也只是上缴给领主的贡品。在日常生活中，农民很难吃到肉。

日常饮食中的杂粮

罗马时代，在人们的日常饮食生活中，最具代表性的谷物是小麦。不过在自然环境严苛的北欧，小麦的收成并不稳定。于是，7～10世纪时人们开始种植此前鄙视的杂粮，比如大麦、燕麦、斯佩尔特小麦、黑麦、稗子、黍米、小米、高粱等。不仅在北欧，就连气候条件相对优越的意大利南部也种植了这些杂粮，这主要是受到社会变动影响。

第1章曾讲过，中世纪初期的意大利处于以伦巴第人为首的日耳曼人的统治之下。连年战争和政治动荡，加上日耳曼人热衷于打猎食肉，意大利耕地面积骤减，取而代之的是日益增加的森林、牧场、荒地和沼泽。由此导致农业衰退，需要集约型劳动的小麦种植也日益减少。于是，人们开始种植耐寒耐贫瘠的杂粮。起源于北欧的黑麦和其他杂粮成为广大民众的主食

图 3-2　收获在寒冷贫瘠的土地上也能生长的
　　　　黑麦

（图 3-2）。特别是在意大利北部的波河流域，杂粮四处生长，如
同广阔的草原。中世纪盛期到后期，随着采伐森林、开垦荒地、
填海造陆等工作的推进，耕地面积增加了，小麦的种植也得以
扩大。不过我们应该记住，以杂粮为主的谷物曾在意大利平民
饮食中占据主要位置。

　　作为小麦的补充，大部分杂粮被做成面包食用。这些面包
用黑麦、大麦、燕麦等杂粮粉混合制成，和纯小麦粉做成的白
面包相比，颜色较深，发黑，主要在农村地区制作和食用。此

外，杂粮还被用来做杂菜汤、浓汤（zuppa）、汤药（decotto）和面包粥（pappa，用番茄、罗勒、橄榄油、面包丁等食材煮成的粥）。

贵族可以随时吃上小麦，农民则不同，他们的日常饮食只能选择被贵族鄙视的"低贱"食物——杂粮和豆类。不过从长远来看，正是这一点促使意大利成为面食大国。

意大利面的原型——杂菜汤

杂粮作为汤中的配料、成为农民的日常食物，这种食用方法为日后的意大利面奠定了一定的群众基础。贫苦农民的主食除了杂粮面包以外，就只有加入了极少的腌肉片提鲜的混合菜汤。人们经常在这种汤中加入豆类、卷心菜和根茎类蔬菜（如萝卜、胡萝卜、芜菁、洋葱）等，条件允许的话，还会加入一些香草（香葱、欧芹、荨麻、百里香、鼠尾草等）。再加入少许牛奶、黄油、胡椒、橄榄油，就是不错的美食，加些面包丁也非常美味。中世纪农民的这种混合菜汤就是现代意大利杂菜汤的前身。在各种杂菜汤中，配菜尤其丰富的就是什锦蔬菜汤（minestrone）。

笔者以为，意大利面与杂菜汤之间是一种近邻关系，或者说后者包含了前者。在现代意大利菜系中，虽然杂菜汤和意大利面分别属于不同的类别，但从整套意大利菜的构成来看，两者都属于前菜后的第一道菜。此外，它们还有很多共同点，比如都是用谷物和蔬菜制成的；都需要加水（沸水）煮制，而不是直接放入油中煎炸；都是平民食物，价格比用肉类或鱼类做成的第二道菜（主菜）便宜；都便于吞咽，容易消化，而且营养丰富……

第1章提到过，近代以前的意大利面与现在不同，通常会煮至非常柔软再食用，为了保持面条湿润的口感，煮好后要将它盛入菜汤或肉汤中。连同原汤一起食用的汤面是主流。如果把意大利面视为一种配菜，那么汤面不就是杂菜汤吗？两者的相似性显而易见。

中世纪登场的意大利面真正得到普及是在近代，但"原始意大利面"却早已普及。在意大利面登上意大利国民美食这一宝座之前，加入了杂粮和豆类、与杂粮面包一起成为民众主食的杂菜汤，从某种意义上来说正是意大利面的原型。

正如前文所述，中世纪的意大利农民身份低贱，在饮食生活方面，远比领主和贵族清苦，他们琢磨出富含蔬菜和杂粮的杂菜汤，给身体提供必要的能量和营养。当他们从邻居、亲戚或旅行者那里听说了"意大利面"这种食物并尝试着制作时，发现它和自己日常食用的杂菜汤有如此多的相似之处，并且拥有绝妙的味道和口感，由此自然而然地喜欢上了意大利面，也就不难想象了吧。不仅农民喜爱意大利面，12世纪后，城市中的普通市民也是如此，于是意大利面在意大利民众中流行起来。当然，贵族们也立刻注意到了这种美食，并将它收入到宫廷菜谱中。

大胃王克诺德的故事

意大利面广受民众喜爱，成为民众向往的美食，但它并没有立刻成为随处都能买到的日常食物，这里有个趣味小故事为证。14世纪后半期，佛罗伦萨作家弗兰科·萨凯蒂（Franco Sacchetti）的短篇小说集《故事三百篇》中，有许多关于食物的故事，颇为有趣。其中第124则是关于意大利面的，请随我一起阅读——

克诺德·丹德烈亚，这位男士至今依然健在。他是个大胃王，再烫的食物也能面不改色地吃下去。当他把食物扔进喉咙深处时，食物就如同坠入了水井深处。这篇关于他的逸闻的作者——我本人就是见证者之一。

……

每当有机会和别人分享食物时，大胃王就会向神祷告：让食物滚烫得难以入喉吧！其实他是希望别人难以下咽，这样他就可以把对方的食物也吃掉。热气腾腾的红酒炖梨刚端上桌来，他只给对方留下空空如也的切肉盘，其他一概不留。

有一天，克诺德和几个人共进午餐，他和幽默风趣的乔瓦尼·卡西欧分享一份午餐。结果服务员真的端上了一盘滚烫得让人难以入喉的通心粉。乔瓦尼对克诺德的"就餐习惯"早有耳闻，当他发现自己要和大胃王分享午餐时，忍不住自言自语："我真是倒霉透顶！本来想好好吃顿午饭的，结果却要眼睁睁地看着他把饭全部吃光。更可惜的是，午餐居然是我最喜欢的通心粉！抢不过他的话，我就别想吃了！"

克诺德在通心粉上浇上酱汁，迅速拌匀后扒进口中。乔瓦尼用餐叉卷了第一口，可看着热腾腾的蒸汽，他不敢下口，而这时克诺德已经吃了六口了。乔瓦尼想，如果再不想办法，这盘面就全都贡献给迦百农①了。"绝对不能让这个男人把我的那份也吃了！"

于是，克诺德每吃一口，他就叉取一口的分量扔到地

---

① Capernaum，耶稣传道的地方，此处借指将食物献给主。

上喂狗。扔了几次之后，克诺德忍不住说话了："喂，你在干什么？"

乔瓦尼回答："你呢？你又在干什么？与其让你把我的那份也吃掉，我还不如喂狗。"

克诺德一听笑了，并且立刻加快了速度。于是乔瓦尼也加快了喂狗的速度。

克诺德终于忍不住再次开口："已经浪费得够多了，我慢点吃吧，你也不要再喂狗了！"

对方答道："你已经吃了这么多了，作为补偿，你每吃一口我就要吃两口。因为我还一口都没吃呢！"

克诺德抗议，于是乔瓦尼又道："如果我吃两口，而你敢吃超过一口，我就把我的那份喂狗。"

克诺德终于答应了。他不得不放慢进食速度。这在他的人生中尚属第一次，在此之前，从没有人能让他在饭桌上收敛自己。

曾经鲁莽贪吃的男人，迫于别人的高招不得不让步，放慢了吃饭的速度。对于当天一起吃饭的人来说，这比餐桌上所有的食物更让人愉快。

克诺德·丹德烈亚这个大胃王确实是个难啃的硬骨头，不过这次却被智者降伏了。

意大利面的用餐礼仪

故事中的克诺德有种与众不同的能力，他能迅速吃掉热气腾腾、滚烫的通心粉。这里的"通心粉"具体是什么形状并不清楚，总之是鲜意大利面的一种，有可能是长面条。

仔细回顾一下就会发现，乔瓦尼和克诺德之所以争夺食物，是因为他们两人是分享木质切肉盘的伙伴。也就是说，进餐时不是每一位就餐者都有自己的分餐盘，而是对坐的两人共用一个大盘子，友好地分享其中的肉品、意大利面、蔬菜等。由此可知，当时有两人一组分享食物的用餐礼仪（图 3-3）。

故事中共用切肉盘的两人中，克诺德狼吞虎咽地吃下热气腾腾、滚烫的通心粉，当他扒了六口时，乔瓦尼却被滚烫的热气吓到，第一叉还没有

图 3-3　中世纪的餐饮礼仪。餐盘和餐刀公用，餐叉尚未普及

吃下。请注意，这里出现了"餐叉"。在现代西餐中，餐叉作为基本餐具之一，其存在似乎是理所当然的。然而，在中世纪以前，人们一直是用手抓食的。

前文介绍过，意大利面在那不勒斯是街头食物，食客们直接用手指抓取面条送入口中。直至近代，在那不勒斯以外的许多地方依然延续着用手抓食的用餐习惯（图3-4）。11世纪时，餐叉由拜占庭传到西方，首先出现在托斯卡纳地区。起初，餐叉与刀一起被用作切分肉品或面包的工具。那时，人们尚未把它用于"将食物送入口中"。正是为了便于食用意大利面，人们才研究出餐叉的新用途。从这一点来说，意大利面还促进了餐具的发展。

这个小故事反映出，在14世纪意大

图3-4　用手抓食意大利面的孩子们

利中部的托斯卡纳地区，意大利面已经非常流行。今天，意大利面几乎成为意大利的代名词。作为意大利面的发祥地，意大利南部（那不勒斯、西西里）早就开始食用意大利面，而在意大利北部地区，意大利面直到干面普及的近代之后才流行起来。

诚然，中世纪时意大利北部就已经诞生了鲜意大利面，食用夹馅面食这一传统更是延续至今。不过，意大利面在意大利北部得到普及，成为普通市民和农民餐桌上的主食，却是在它诞生很久之后。在此之前，意大利北部地区的主食是面包、马铃薯、玉米以及大米。与此不同，在中部的托斯卡纳地区，意大利面早已普及。

不过，即使在托斯卡纳地区，意大利面也并未普及到任何人都可以随意享用的程度。在萨凯蒂的故事中，意大利面是用餐者争抢的对象，由此可以推测，在那时意大利面应当是难得一尝的美食。

库卡尼亚国

在意大利文学构建的"库卡尼亚国"（Cuccagna）中，意大利面作为梦中美食出现，这似乎也侧面印证了意大利面在当时是难得的美食。库卡尼亚国在中世纪末广为人知，它是人们在想象中构建的理想国——"懒洋洋天堂"（图3-5），反映了当时人们的美好愿望。人们相信，它存在于地球上某个遥远、偏僻的地方，那里的人过着理想的生活：全年休假，禁止劳动。美酒佳肴享用不尽，吃的是烤鱼烤鸭，葡萄酒汇流成河。每天只是在野外悠闲地散步，而所有的美食都会自动出现在眼前，只需张开口，它们就会自己飞进去。甚至住在糕点做的房子里，屋顶的瓦片是一只只盛满了肉品、鱼虾或野味的盘子。理想国气候温暖宜人，而且为了使生活更加舒适安宁，人们共享财产，没有纷争和敌意。那里有能让人返老还童的仙泉，男人和女人

图3-5　老布吕格尔（Pieter Bruegel）的画作《懒洋洋天堂》（*paese di Cuccagna*，1567年）

可以自由地享受性爱，琳琅满目的华服美裳任人挑选，休息睡觉就能挣钱……

当然，几乎没有人相信库卡尼亚国是真实存在的，但这个故事却在欧洲流传了几个世纪。想必人们还是会情不自禁地憧憬没有辛苦、无忧无虑的梦想世界吧。

《十日谈》中的意大利面天堂

有趣的是，在不同国家、不同地区，人们关于库卡尼亚国的想象也不尽相同。薄伽丘在《十日谈》（第八天第三篇）中描述了意大利人心中的理想国，这可以说是意大利最典型的理想国想象。

它位于横跨法国和西班牙边境的巴斯克地区（Basque），顶级葡萄酒汇流成河，滋润着土地。一棵棵葡萄树被香肠连接起来，整座山由帕玛森干酪堆积而成。山顶上的人唯一的工作就是制作通心粉（这里是类似马铃薯面疙瘩的面食）和方形饺，然后放入阉鸡汤中煮制。把煮好的面食扔到山下，山脚的人就都能吃得饱饱的。这里特地把意大利面和葡萄酒并列，作为令人向往的美食佳酿，果然很有意大利风格。

此外，贵族和富裕的市民也非常喜爱意大利面，把它作为主菜。乔瓦尼·塞坎比（Giovanni Sercambi）的《小说集》（*Novelle*）第 58 篇中有这样的情节：富商皮耶罗·索兰佐送给三个女儿相当丰厚的陪嫁，要求是允许他每月轮流去女儿家共同进餐。女儿们满足了他的要求。有一天，小女儿向他抱怨："我丈夫说，像爸爸这样每天吃面可承受不起啊！"另外，第143 篇讲述了热那亚的富翁吉拉尔迪诺·斯皮诺拉的故事：妻子每天给酷爱意大利面的丈夫吃下混入安眠药的面条，然后趁丈夫熟睡时偷情。

由此可见，对于中世纪到近代的意大利人来说，"乐园"最重要的条件之一就是能够尽情饱餐意大利面。尽管民众已经把意大利面当作主食，但并不是每天都能尽情吃饱。因为原料小麦粉价格不低，而且制作意大利面很费工夫。他们生活贫苦，终日劳作、没有闲暇，家庭主妇也是重要的劳动力，不能把过多的时间和精力用在做饭上。因此，民众的主食仍然是面包和杂菜汤，日常食材就是蔬菜和极少的腌肉。在非节庆的日子很难吃上意大利面。

即使在意大利面的发祥地西西里，意大利面也是一种奢侈的食物。在 16 世纪中期的西西里，通心粉、千层面的价格是面包的 3 倍。即使到了 17 世纪末期，对于农民和普通市民来说，将意大利面端上餐桌也依然是一件让人备感幸福的事情。

精英的贡献

至此，我们已经大致了解了中世纪意大利民众饮食的代表——杂菜汤是如何成为孕育意大利面的温床的。此外还介绍了意大利面原本非常有希望成为民众的主食并得到普及，但由于作为原料的小麦粉价格昂贵，意大利面在很长时间内都是民众梦寐以求的美食。

除了民众对意大利面的贡献以外，我们也来思考一下，精英阶层给意大利面带来了什么。

在中世纪，不同的社会阶层有各自的饮食体系。农民的主食是谷物、豆类、蔬菜以及乳酪等乳制品。贵族不屑于食用这些"低贱"的食物，他们认为，饱食丰富的肉类（和白面包）才符合自己高贵的身份。不过，这一时期的贵族对烹饪技术以及饮食的多样化还不太讲究。

从中世纪末到文艺复兴时期，教皇和王侯的宫廷御厨开始活跃起来，他们琢磨出各种各样的烹饪方法，在取材上也不再一味地嫌弃农民的主食，转而通过高超的烹饪技巧把普通食材变成高级菜肴。这在文艺复兴至巴洛克时期（约 15 ~ 17 世纪）的宫廷蔚然成风。

宫廷和文艺复兴

接下来让我们了解一下文艺复兴时期的历史概况（关于巴洛克时期的历史请参见本章末尾）。意大利半岛在中世纪末期分裂成许多小型城市国家，15～16世纪，它们联合起来形成了区域国家，规模相当于现在的地区。在政治体制方面，城市自治让位于领主制①。

领主从皇帝或者教皇处获得封建称号后，区域国家便成为正式的领主国。米兰的维斯孔蒂家族、曼托瓦的贡萨加家族、费拉拉的埃斯特家族、佛罗伦萨的梅迪奇家族等均成立了领主国，他们在中心城市建立雄伟的宫廷，朝臣聚集于此。宫廷成为当时的政治、文化中心，聚集了大批艺术家和学者。教皇的宫廷也发挥着同样的作用。

这些领主支持并保护学者和艺术家，其结果是：人被置于世界和历史的中心，融合了语言文献学和市民道德的人文主义运动结出硕果，艺术领域的表现对象也不再以神为中心，以人为本的文艺复兴艺术绚烂夺目。同时，也促进了对古典时代（指古希腊罗马时代）的文献和文化的再发现以及科学技术的巨大进步。

---

① signoria，也译为君主制，但近年来史学家认为"君主制"感情色彩过浓。实质是由一个政治强人控制城市政权并行使权力的家族世袭制。

就这样，15 世纪的意大利先于其他国家兴起了文艺复兴运动，这是一次摆脱了中世纪旧伦理和封建政治、社会体系的质的飞跃。这无疑是一个文化繁盛、基调优雅的时代，但不可忽略的一点是，这种文化的硕果并未惠及每一个人——大多数人并没有摆脱限制获得自由，仍在为一日三餐疲于奔命。

饮食"国际主义"

精英阶层承载着优雅脱俗的宫廷文化，为意大利的饮食文化作出了卓越的贡献。饮食文化相对具有保守性，即使其他领域的文化在不断进步，它也会在相当长的一段时期内基本保持不变。意大利也不例外，即便进入了文艺复兴时期，大部分地区也依然延续着中世纪的饮食传统。综观这一时期欧洲人的餐桌可以发现，按国别分类的菜肴尚未出现。尽管所用的食材因各地风土而略有不同，但所有国家都拥有几乎相同的菜式，这一点非常显著。这种中世纪"饮食国际主义"的约束力在文艺复兴时期依然不见衰减。

在当今许多国家，无须花费太多，就能享用世界各地的美食。或许我们很难想象，其实在不久以前，人们做菜、用餐都会受到自然和社会的诸多制约。

这种饮食的保守性不限于意大利一国，在国际上具有普遍性。中世纪，由于天主教的禁欲教义和遵循教历斋戒等限制，饮食愈发严格、保守。而且，贵族、高层神职人员的人脉关系与姻亲关系跨越国境，遍布整个欧洲，由身份、阶级地位决定饮食这种社会等级形式进一步强化了饮食的保守性。饮食的地域差别固然存在，但只是次要现象，并不显著。在相当长的时期内，并没有"法国菜""德国菜"的说法。

即便如此，当我们仔细品读能够反映精英文化创造力的烹饪书时，还是能够从意大利的食谱中真切地感受到时间积淀出的意大利饮食风格。接下来介绍的宫廷名厨的菜谱中都含有意大利面，这也是意大利饮食风格的印证。

马蒂诺、斯嘎皮和拉蒂尼的食谱

在众多食谱书中，其中一本作为意大利饮食自律性发展的里程碑式著作极其重要，它便是前文提到的《烹饪艺术全书》（*Libro de Arte Coquinaria*），由出身科莫的马蒂诺大师所作。马蒂诺是 15 世纪中期的罗马厨师，为阿奎莱亚大主教（特雷维索的红衣主教）卢多维科（Ludovico）服务。作为烹饪界的先驱，他被后世名厨尊为烹饪大师，也是近年来备受学界关注的热门人物。

与以往的烹饪书相比，这本书有许多创新之处，本身的结构编排也颇具革命性。"肉""汤、杂菜汤和意大利面""酱汁和调味料""馅饼""鸡蛋和蛋饼""鱼"……如此这般，这本食谱集根据食材和烹饪方法的不同来划分章节，每一份食谱都说明了原料的用量、适合几人食用，以及烹饪全程需要的时间等。这些内容现在看来似乎极为基础，但在当时却具有划时代的意义。他对食材予以分类，指出每种食材适合的烹饪方法（水煮、油炸或者烘烤）并说明了理由，这对于食材与烹饪方式的组合创新而言意义重大。在介绍意大利面时，正如第 1 章所提到的，他列举了细面条、西西里的通心粉、罗马的通心粉这三种不同造型的面食。

在接下来的 16 世纪，意大利的烹饪书在数量和食谱的考究程度方面远远超过了其他国家。为意大利城市国家的领主、教皇以及红衣主教服务的厨师长和厨师是这个时代各种食谱集的作者。

教皇庇护五世（Pius V）的厨师巴托洛米奥·斯嘎皮在 1570 年出版了规模庞大的食谱集《烹饪艺术集》（Opera），展示了许多创新。历史上首次将意大利面菜谱写入食谱集的正是斯嘎皮。该书收录的面点和意大利面食谱多达 230 种，除了用烤箱烤制的馅饼、派、甜甜圈和蛋糕，还总结了多种意大利面（小馄饨、

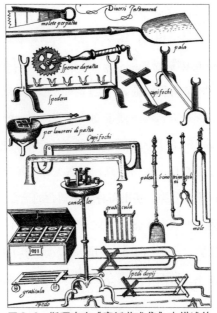

图 3-6　斯嘎皮在《烹饪艺术集》中描述的
意大利面的制作和烹饪工具

宽缎带面、方形饺）的做法。另外，斯嘎皮还在书中附上了制作意大利面所需的各种工具的插图（图 3-6）。

那不勒斯的安东尼奥·拉蒂尼作为首位记录番茄酱食谱的功臣闻名于世，他在 17 世纪末编著了一套两卷的《现代宴会主厨》（*Lo Scalco alla Moderna*），该书集以往烹饪书之大成，在名为《斋戒日餐饮》的第二卷中，用一章的篇幅总结了意大利面的做法。

高贵的意大利夹馅面食

前文介绍过意大利夹馅面食，它是由一种宫廷菜演变而来的。夹馅面食非常注重创意，16 ～ 17 世纪的宫廷厨师为此绞尽脑汁，反复钻研。比如，除斯嘎皮之外，16 世纪服务于埃斯特家族的宫廷厨师（厨师长）梅西斯布戈也曾苦心钻研，将极致的想象力融入夹馅面食中。在此后的 18 世纪初期，托斯卡纳的高登齐奥（Gaudenzio）等多位厨师各出心裁，研制夹馅面食，并将其写成了食谱。

意大利夹馅面食原料昂贵，制作费时，是传统的宴客佳肴。至今意大利各地依然保留着这样的饮食习惯，将普通意大利面作为日常食物，夹馅面食则在节日和举办纪念活动时食用。这是因为夹馅面食出身高贵，曾与君侯、宫廷有着密切的关系。

12、13 世纪，各地开始制作方形饺（在两张重叠的正方形面皮中夹入馅料，捏合边缘而成）和馄饨（tortelli 或 tortellini，这两者均是在一张面皮中包入馅料，对折后交叠两角、捏合而成的脐状面食）。各地用的馅料有所不同，有蔬菜、肉类、乳酪等。各种夹馅面食层出不穷，博洛尼亚的小馄饨、雷焦艾米利亚（Reggio nell' Emilia）的小帽饺[①]、利古里亚（Liguria）的帕

---

① cappelletti，呈帽子形，比小馄饨稍大些，据说起源于西班牙军队入侵意大利时所戴的尖顶帽。做法参见第 143 页。

恩索蒂饺^①、皮埃蒙特（Piemonte）的半月形肉饺（agnolotti）、曼托瓦的馄饨（tortelli）、贝加莫（Bergomum）的卡松赛饺^②、克雷莫纳（Cremona）的马鲁比尼馄饨^③等，无不拥有源远流长的历史。到 15 世纪，方形饺和馄饨被收入意大利各地的食谱中，作为高级菜品推广开来。16 世纪后，在梅西斯布戈和斯嘎皮的推动下，贵族和知识分子也对它们青睐有加。

配菜和全套菜

　　精英阶层是如何对待意大利面的呢？让我们观察得更仔细一些。通过萨凯蒂和薄伽丘的小故事我们了解到，对于普通意大利民众来说，意大利面是梦想中的顶级美食，而在宫廷厨师的菜谱中，或者说贵族的饮食体系中，意大利面只是作为一种配菜存在。

　　13 世纪末至 14 世纪初，那不勒斯的《料理之书》中记录了

_____

① pansotti，一种三角形意式面饺，通常用多种山野菜和里科塔乳酪制成馅料。

② casonsei，一种意式面饺，馅料通常用猪肉、牛肉、面包屑、乳酪、苦艾酒拌成，变种也会加入菠菜、葡萄干或梨等。

③ marubini，这种馄饨的馅料由牛肉、猪肉、洋葱、胡萝卜、芹菜、红酒、格拉纳-帕达诺乳酪、鸡蛋、面包糠、肉豆蔻混合而成，汤则是鸡汤、猪肉汤、牛肉汤的混合物（每种分别与丁香和蔬菜一同煮过）。16 世纪后成为当地最受欢迎的面食，配方已经被官方固定下来。

"热那亚风味意大利面"的做法，它需要与鸡肉、鸡蛋以及其他肉菜一起端上餐桌。另外，斯嘎皮的食谱中也说明了意大利面只是一种配菜。比如，千层面要盛在水煮鸡上，罗马通心粉要盛在水煮鸭上，那不勒斯通心粉要盛在当地产的母鸡上，意大利饺（anolini）则要盛在水煮肥鹅上，鹅腹中还需填入伦巴第风味的馅料。

另外值得我们关注的是，不同于普通民众一餐只吃一种食物，贵族们把意大利面当作众多菜品中的一道，这也是当时的风尚。今天的意大利菜单通常会分为前菜、第一道菜、第二道菜、甜品几个部分，这是在 19 世纪中期以后才形成的定式。在文艺复兴至巴洛克时期，宫廷主厨和厨师们精心筹办各种极尽奢侈的宴会，菜品种类繁多，以至于常常产生浪费。

今天，上意大利菜时一般会依次把特定的菜品逐一呈给各位食客，那时却截然不同，通常会把多种菜肴同时呈上餐桌，供大家一起享用。品类繁多、量足有余的菜品，按照"来自食品储存室"（包括前菜、沙拉、甜品等凉菜）、"来自厨房"（包括烤肉、烤鱼、炖菜、油炸食品等）的先后顺序呈上餐桌，一次宴会中往往会反复多次上菜。参加宴会的宾客可以尽情享用各种美味佳肴。

用于表演的宴会菜肴

文艺复兴时期至巴洛克时期，各地的领主们热衷于在华丽的宫廷中举办盛大的演出，以期看到宾客们露出惊叹的表情，用壮观的场面彰显自己的富有和气度。换句话说，领主们试图让臣民相信，无论在政治上还是在文化上，领主们都掌握着主导权。

在就职仪式、婚礼、马上长矛比赛、显贵人士的欢迎仪式等场合都能看到壮观的演出场面，宴会更是引人注目。宽敞的大厅中回荡着嘹亮的笛音和婉转的歌声，里面陈设的是包覆着锦缎的贵重家具，墙壁上装饰着华丽的织锦，皮革制品上饰有奇特的螺旋花纹。餐桌上摆放着高大的烛台、闪闪发亮的金银或水晶餐具，以及古代神话人物的糖塑，一旁的餐具柜中整整齐齐地陈列着大量银器……一切都熠熠生辉，灿烂夺目（图3-7）。

当时的宴会可谓是荟萃各种艺术的大型舞台。一切准备就绪，只需静候宾客出场即可。厨师长全权负责宴会的筹备事宜，举办这如同魔术般的盛大仪式。当然，菜量也非同一般，各种各样的大份肉品接连上桌。厨师长不但要考虑宴会的菜单，还要策划整场表演。

图 3-7　16 世纪宫廷的华美盛宴。在小号声中依次呈上菜肴

与饥饿和瘟疫的斗争

在这极尽奢华的背后，广大市民和农民却在贫困线上苦苦挣扎，被专制滥权的君主和寄生地主们压榨、蚕食。

虽然前文多次提到，意大利南部从 12、13 世纪开始，托斯卡纳等地区从 15 世纪起，意大利面就不再像以往那样珍贵而难得。然而，放眼整个意大利，以小麦粉为主要原料的意大利面对于平民来说仍然是奢侈品，把它作为日常食物端上餐桌是很久之后的事情。

中世纪以前的历史我们暂且不谈，在 16 世纪下半叶后的两个世纪里，大多数意大利人民陷于饥饿的折磨之中。种种原因导致粮食匮乏。社会治安缺乏保障，盗贼横行，扰乱了粮食的正常供给。战争和内乱阻碍了粮食运输，也加剧了粮食危机。此外，在佃耕合同中，地主总是获利的一方，因此佃农常常缺衣少食。饥饿不仅会引发政治和社会动乱，也会成为滋生瘟疫的温床。

1590 ~ 1593 年，意大利北部农业歉收，导致政治动荡，社会骚乱。盗贼横行，百姓苦不堪言。1630 ~ 1632 年，一场侵袭整个意大利半岛的严重瘟疫给意大利北部带来了沉重的灾难。米兰失去了 50% 的人口，曼托瓦失去了 77% 的人口，克雷莫纳失去了 63% 的人口。1656 ~ 1657 年，瘟疫再次大规模蔓延。这场瘟疫使意大利南方也蒙受了重大损失，那不勒斯失去了大量人口。

高产玉米的种植将人们从饥饿中解救了出来。早在大航海时代，玉米就已经引入欧洲，但长期不被人们接受。17 ~ 18 世纪，在史无前例的粮食危机面前，农民们终于开始在自家的田地上种植玉米，这一做法逐渐传播开来。起初，收获的玉米仅用于自家消费，不久，玉米取代了其他谷物，到 18 世纪末广为普及。

巴洛克：光与影的时代

学术界一般认为，16 ~ 17 世纪时意大利受西班牙统治，无论外表如何光鲜，终究是隶属于外国的。对意大利而言，这是个苦难的时代。意大利经历了经济危机，社会发展停滞不前，远远落后于在大西洋上雄飞的其他欧洲国家。在文学和思想方面也毫无建树，只有为王侯贵族服务的建筑美术独领风骚。

然而也有历史学家认为，1550 ~ 1650 年并非意大利的衰落时代，反而是它向欧洲其他各国输出文化精华的伟大的一百年。在这一时期，意大利诞生了大量伟大的建筑和绘画作品，技艺娴熟的手工艺人也创作出了精巧绝伦的金属工艺品。此外，包含人文主义思想、音乐及情节剧（melodrama）在内的"文化体系"由意大利传播至欧洲其他各国，尤其在法国，它被赋予独特的理解并获得了新发展。文艺复兴后期至巴洛克时期恰恰是意大利的黄金时代，其文化的光辉播撒至四面八方。还有人认为，在当时的意大利，被以异端或女巫的罪名拷问甚至处以火刑的人数远远少于北欧诸国，这一时期的意大利是自由的沃土。

如此这般，学术界对这一时期的意大利褒贬不一，分歧较大，但仅从饮食文化的角度来看，这一时期的贵族阶层反复尝试，不断摸索，以期将意大利面等民众的饮食发展为更加考究的知识分子的饮食，这一点是毋庸置疑的。

不过，若想让全意大利人民都能享用这种"意大利菜"，则必须等到意大利摆脱外国桎梏、重获自由，形成独立的民族国家之时，也就是 19 世纪后半期，更准确地说是 20 世纪后半期。相关内容将在后续章节中阐述。

第 4 章

各地的特色面食和统一国家的形成

意大利面是特殊美食

　　回顾意大利面的历史，有一点让人印象深刻：在近代以前，食品规格不统一，加工过程中也鲜少使用机器。人们手工作业，或者仅使用极为简单的工具制作意大利面，再结合各自所处的地域、城乡、阶级和家庭情况搭配合适的酱汁与配菜。如此一来，人们顺应当地风土，充分利用本地食材制作菜肴，在地区范围内自产自销。不少意大利面都是作为当地特产，历经漫长的岁月传承发展而来的，而且经常出现同一种面食在不同的地区叫法完全不同的情况。

　　此外，在很长一段时间内，意大利面对于许多民众来说并不是每天都能吃到的日常食物，而是难得一尝的特殊美食。也正因如此，在意大利各地，意大利面与祭典等仪式性活动密切相关。在农村，人们一般在播种、收获等农忙的节点享用意大利面。另外，在圣诞节、狂欢节、复活节、万圣节等基督教节日，或者举行婚礼、葬礼等重大家族活动时，人们也会食用意大利面。不同的节日和仪式，人们通过限定面食的原料和形状，或荤或素，或面条或夹馅面食，面条或长或短，或空心或实心……赋予面食特定的意义。有一点非常有趣，从不同地域的总体倾向来看，意大利南部的节日面食一般是短面条或宽面条，而在意大利北部的宗教节日或重要宴会上，夹馅面食才是主角。

意大利面的形状和名字

意大利面的形态多种多样，各地区都有自己的特色。不同形态的面需要搭配相应的酱汁，两者之间有着不可分割的联系，意大利面爱好者大多知道这一点。近年来，人们也会从市面上买回各种机器生产的干意大利面，煮熟后随意搭配自己喜欢的酱汁。

意大利面的名字也非常繁多，很多名字的来源并不明确。即使是同一种面食，在不同的地区也可能有不同的名字，人们对面食的命名极为讲究。比如，尖头梭面（pici，托斯卡纳）、翁布里亚面（umbricelli，翁布里亚）、噎死面 ① （strozzapreti，罗马涅）、比戈利面（bigoli，威尼托、伦巴第）等都是实心粗

---

① 扭绞搓成的纸捻状面条，长 10 ~ 20 厘米，又叫"神甫扼杀者"。相传当地的一名神甫因贪吃免费供应的面条而噎死（撑死），由此得名。也有其他说法。

面条，然而在各自所在的地域，当地人并不理解其他叫法。那不勒斯人把 spaghettini（特细实心面，比 spaghetti 略细）叫作 vermicelli（细面条）。在利古里亚，tagliatelle（宽缎带面）叫作 picagge（棉带面），其他地区则分别叫作 fettucine（宽面）、lasagnette（宽片面）等。

神奇的是，原本是同一种面条，只因名字不同，吃起来却像是不同的东西。或许是因为不同的名字承载了当地特有的历史和风俗文化，所以吃面时才会有不同的感受吧。面食的名字与当地居民的生活记忆紧密相关，因此，即使面食的形态相似，也不能随意更改它们的名字。

南北菜肴的特色

意大利是个地域主义色彩浓厚的国家，各地的历史、风土不尽相同，意大利面自然也各有特色。意大利半岛南北狭长，呈长靴状，北接阿尔卑斯山，其余方向被大海环绕。亚平宁山脉纵贯半岛，整体上地势高低不平，风景富于变化。各地的气候、地形、植被不同，物产也丰富多样。鱼类和贝类、肉类、鸟兽野味、乳酪、蔬菜和谷物、菌菇、水果、坚果……各种特产被端上居民的餐桌。

除了自然条件，前文所述的各地不同的历史也带来了饮食上的差异，其中外国的影响尤为显著。意大利南部主要受伊斯兰教和西班牙的影响，北方的特伦蒂诺-上阿迪杰（Trentino-Alto Adige）地区则受德意志、奥地利和斯拉夫的影响。在伦巴第地区，瑞士、奥地利、法国、西班牙以及威尼斯等国的影响极为显著，皮埃蒙特地区的菜肴则融入了法国菜的精致。

顺便一提，17世纪出现了重点介绍地域差别的指南书，后来演变成了今天的旅行指南。

爱乡主义的代表事物

意大利不同地区的特产各不相同，自然而然地出现了用地方食材制作的特色意大利面。长期以来，意大利面一直是意大利各地的人们表达爱乡主义的代表事物，它的形状、酱汁、名称与人们所在的地区、城镇或村庄的历史和地理有着密切的关联。人们对家乡美食的引以为豪和夸耀，有时会演变成对其他地区食物的贬低。"北方那些吃马铃薯面疙瘩的家伙真没用""南方佬总是一身番茄味"……常常可以听到这样的话。

以各地区的大城市为中心，意大利面形成了大致的派系。从古至今，热那亚、博洛尼亚、那不勒斯、巴勒莫作为各系面食的中心城市广为人知。各系面食的差异主要源于各地不同的气候、水质和小麦品种，由此又产生了烹饪技巧、面食形状、香辛料以及酱汁的差异。

各大中心城市的面食在意大利全国范围内闻名遐迩。不仅如此，若是去当地看一下，就会发现，在临近城市的小镇和村庄，同一派系的面食变种之丰富令人惊讶。这种地区内部的面食差异或许不大，却是构成当地饮食特色的重要因素，对于当地居民来说意义重大，他们以此为荣并一直坚守着。

意大利各区的著名面食

利伦巴第区　　特伦蒂诺-上阿迪杰区

瓦莱达奥斯塔区　　　　　　　弗留利-威尼斯朱利亚区
奥斯塔　　　博尔扎诺

都灵　　　米兰　　特伦托

皮埃蒙特区　　　　　　　的里雅斯特

威尼斯

博洛尼亚　　威尼托区

热那亚　　　　　艾米利亚-罗马涅区

利古里亚区　　佛罗伦萨　　安科纳

托斯卡纳区　　佩鲁贾　　马尔凯区

阿布鲁佐区

拉奎拉　　莫利塞区

翁布里亚区　　　　坎波巴索

罗马　　　　巴里

拉齐奥区　　　　　　普利亚区

那不勒斯

坎帕尼亚区　　波坦察

巴西利卡塔区

卡拉布里亚区

卡坦扎罗

卡利亚里

撒丁区　　　巴勒莫

西西里区

南部地区、岛屿地区

● 卡拉布里亚区

重视手工制作的鲜意大利面，盛产多种鲜面食，这在意大利南部地区是非常少见的。酱汁的特色是加入本地产的辣椒或者一种名为"nduja"的辣味香肠。当地在耶稣升天节有食用牛奶煮鲜宽面条（lagane al latte）的习惯。

● 普利亚区

耳垂形的猫耳朵面（orecchiette）很有名。猫耳朵面种类繁多，既有"pociacche"等较大的面片，也有法贾诺（Faggiano）的"chiancarelle"和巴里的"piccole chiancarelle"等小面片，还有"pestazzuole"这种中间没有凹陷的面片。

● 巴西利卡塔区（Basilicata）

该地区只用面粉和水制作意大利面，几乎不加鸡蛋。与卡拉布里亚一样，常加入辣椒。此外还有一种独特的面食，是用鹰嘴豆、蚕豆、大麦、硬质小麦等多种豆类和谷物粉末制成的。

● 坎帕尼亚区（Campagna，那不勒斯）

那不勒斯人日常食用一种撒上白色乳酪的特细实心面（spaghettini，在当地叫作 vermicelli 或 maccheroni）。新郎面（ziti）也很有名，它是一种表面光滑、直径 5～6 毫米的空心长面条，也有切成短管状的。这种空心面最好搭配肉酱食用。

● 西西里区

各地遵循当地固有的饮食传统，即使是相邻的两个地方，也拥有截然不同的代表面食。比如，在阿格里真托（Agrigento），人们用通心粉搭配番茄酱和茄子，做成萨尔萨红酱水管面（maccaruni con salsa rossa di melanzane）食用。拉古萨（Ragusa）的代表面食叫作蚕豆浓汤煮粗通心粉（igatoncini con macco di fave），特点是需要搭配浓厚顺滑的蚕豆乳酪。锡拉库萨（Siracusa）的著名面食叫作锡拉库萨风味油炸意大利面（pasta fritta alla siracusana），其做法是将煮熟的天使发丝面（capellini）裹上蛋液和面包粉油炸，然后将蜂蜜和橙汁混合，加热做成酱汁浇在上面。巴勒莫的沙丁鱼面和墨西拿（Messina）的旗鱼面也是具有代表性的地方特色面食。

● 撒丁区（Sardegna）

螺纹贝壳通心粉（malloreddus）是当地的传统面食，自古传承至今。它的外形酷似马铃薯面疙瘩，主料是小麦粉，因加入藏红花粉而呈黄色，将面团用筛子或锯齿板压出花纹后弯卷成形。珍珠面（fregula）呈细小的颗粒状，可以做成汤面或者作为炖菜的配料。丝网面（su filindeu，意为上帝的纱线）是将面团拉成长面线、在圆框上纵横交织缠成的细网状面食，晾干后煮食。

中部地区

● 拉齐奥区（Lazio）

面食的变种非常多，仅细条通心粉（bucatini）就有长度、厚度不一的多个变种。在斋戒日，人们常会食用扁面条（linguine）和鹰嘴豆杂菜汤。圣诞节时，经常食用一种用核桃、砂糖、柠檬皮、肉桂调味的斜管面（penne）。

● 阿布鲁佐区（Abruzzo）、莫利塞区（Molise）

这两个地区的代表面食叫作琴弦面（chitarra，意为吉他），是用一种同名的面条模具制成的。这种模具是将长方形的榉木框按几毫米的等间距装上竖琴琴弦粗细的金属丝制成的。琴弦面与羊羔肉酱是绝佳组合。

● 马尔凯区（Marche）

最有名的是将军千层面（vincisgrassi），这是一种高级面食，适合节日食用。它也是与千层面类似的面片形，不过做法非常复杂，揉面时要加入马尔萨拉白葡萄酒或者其他白葡萄酒，食用时会铺上法式白酱或猪肉酱，还常常加入鸡、羊羔、小牛的内脏和骨髓以及黑松露。这里还有马克龙其尼面（maccheroncini，一种极细的长面）和著名的天使发丝面。

- 翁布里亚区

翁布里亚的面食一般只用小麦粉和水做成。这里的鲜面种类丰富，最具代表性的是翁布里亚实心面，这是一种较粗的面条。另一种形似小鳗鱼的面食也很有名，它是用核桃、面包粉、蜂蜜、盐等调味的通心粉，传统上在万圣节和平安夜食用。

- 托斯卡纳区

托斯卡纳有多个地区都会在小麦收割时节制作特细长面条，做成天使发丝汤面（capelli d'angelo）。其他的代表面食还有特宽缎带面（pappardelle）和形似特粗乌冬面一般的尖头梭面，这两种面通常会搭配鸭肉、鹅肉或者猪肉酱食用。

北部地区

- 艾米利亚-罗马涅区〔Emilia-Romagna）

这里的夹馅面食种类丰富，形状和馅料千变万化，极具想象力。在艾米利亚地区，最适合在平安夜食用的面食是一种用里科塔乳酪、欧芹、帕玛森干酪做馅料（不放肉）的馄饨。另外，近些年来当地还形成了在婴儿出生时一起吃马铃薯面疙瘩庆生的习俗。

● 弗留利－威尼斯朱利亚区（Friuli-Venezia Giulia）

17 世纪后，这里经常闹饥荒，不过玉米的引入使情况得到了缓解。当地人每天变着花样地食用玉米糊。马铃薯面疙瘩的做法也很多，食材多样（马铃薯、南瓜、动物肝脏等），形状和口味富于变化（有黄油、砂糖、肉桂、西梅干等各种风味）。

● 威尼托区

这地区具有代表性的面食之一是比戈利面（参见第 105 页），特别是在平安夜和耶稣受难日，需要搭配凤尾鱼酱汁食用。在维罗纳（Verona），狂欢节的最后一个星期五也是马铃薯面疙瘩节。

● 特伦蒂诺－上阿迪杰区

在该地区北部，马铃薯大丸子（canederli）广受人们喜爱。人们将马铃薯煮熟碾碎，撒上盐，然后加入面粉和鸡蛋，做成大号马铃薯面疙瘩，有时还会在中间包入西梅干，或者与融化的黄油、里科塔乳酪同食。特伦蒂诺地区的马铃薯糊糊也是著名的特产。

● 利古里亚区

据说这里是方形饺的诞生地。此外，当地的特飞面（trofie，

将面团搓细、扭绞制成的梭形面）和细长面（fedelini）也颇有
名气。另外，还有一种斜管面——圣诞通心粉（natalin），顾名
思义，这是典型的圣诞节食物。

● 伦巴第区

该地区的特色面食主要有平安夜食用的曼托瓦风味南瓜馄
饨、克雷莫纳的马鲁比尼馄饨和瓦尔泰利纳（Valtellina）的比
措琪里面（pizzoccheri，荞麦粉制成的扁面条，煮熟后一般搭配
蔬菜、乳酪、融化的黄油食用）。

● 皮埃蒙特区、瓦莱达奥斯塔区（Valle d'Aosta）

皮埃蒙特地区的鲜面和夹馅面食种类都很丰富，馄饨的种
类尤其繁多。塔佳琳面（tajarin）是一种面团中加入了鸡蛋的细
长鲜面条，15 世纪以后流行开来，在祭典节日时，要搭配鸡内
脏酱、蘑菇或黑松露酱汁食用。瓦莱达奥斯塔地区的糊糊和面
疙瘩种类非常丰富，通常需要用丰丁干酪或其他本地产的乳酪
来调味。

地方菜系的形成

以上专栏介绍了意大利各地引以为傲的特色面食，不亲自去当地的话，很难吃到。不过，进入近代之后，也出现了在意大利任何地区都可以吃到的定式面食。

比如，那不勒斯或者博洛尼亚周边的面食原本只是地方特产，如今成了意大利菜中的经典美食，随处都可以吃到。有的面食不仅在意大利，甚至在世界范围内都随处可见，番茄酱实心细面和马铃薯面疙瘩就是典型的例子。为什么定式意大利面会如此流行呢？意大利全国范围内的定式食物的诞生，与前文所述的爱乡主义和家乡的骄傲又有怎样的联系呢？

首先让我们一起了解居民自豪感的重要来源之一——地方菜是何时形成的。其实，很早之前就开始有人关注各地的特色菜了。比如，既是医生又是文学家的奥尔腾西奥（Ortensio Lando）在《意大利名产集录》（1548 年）中详细记载了各地的著名特产，其中也列举了食物和葡萄酒。可以说这打响了近代地方名产集录的第一枪。

与此同时，各地的宫廷厨师们认为自己创造了当地的饮食文化，并引以为豪。那不勒斯烹饪书的作者们便是典型，他们最先记录了意大利南部的饮食文化遗产。比如，1634 年，一位叫作焦万·巴蒂斯塔·克里西（Giovan Battista Crissi）的贵族在那不勒斯编著了《朝臣的灯》一书，该书汇集了当地一年四季的菜谱。另外，前文提到的安东尼奥·拉蒂尼也于1692～1694年在那不勒斯出版了《现代宴会主厨》一书，努力向读者介绍他所在的地区的饮食文化。

统一国家的形成和地方特色面食

尽管这些厨师对地方菜做了介绍，但地方菜却尚未正式定型。直到19世纪末，阿图西确立了意大利菜之后，地方菜才得以确立，这一内容稍后再向大家介绍。

有国家才有地方，有国家菜的框架作为参照，才能定义地方菜的特色，仔细想来，这是理所当然的。

回溯历史可以发现，在中世纪后的很长时间里，意大利的"城市"就是"国家"（城市国家）。每座城市都是一个国家，在政治、经济、文化、宗教等各领域，中心城区都支配着周围的农村地区。饮食文化也不例外，每个城市国家的内部菜系都分为都市和乡村两种风格。

统一国家诞生后，各地区才得以相互比较，地域意识增强。人们意识到当地饮食文化的独特性，更加热爱地方菜。在意大利菜这一国家菜的整体框架和风格确立以后，各地的菜肴才充分与当地的地理、风土相适应，在地域比较中逐渐形成自己的风格。

那么，意大利是如何成为一个统一国家的呢？

被外国蚕食的意大利

正如前文所述，16～17世纪时意大利南部正处于西班牙的统治下，意大利北部也已不复中世纪和文艺复兴时期作为独立城市国家的辉煌鼎盛，丧失了独立的主权，渐渐居于外国的统治之下。

法国几代国王对意大利的统治欲渐渐高涨，路易十二（Louis XII）从斯福尔扎家族手中夺取了米兰公国。后来，弗朗索瓦一世继承了法国王位，为了争夺意大利霸权，他与当时兼任神圣罗马帝国皇帝的西班牙国王查理五世进行了多次战争（1521～1544年）。经过长期的势力争夺，两国终于在1559年停战，缔结了卡托-康布雷奇条约。条约规定，此前的那不勒斯王国、西西里王国、撒丁王国、米兰公国和托斯卡纳沿岸地带（警备国家）均由西班牙哈布斯堡王朝直接统治。

此后，法国依然觊觎意大利，与奥地利和西班牙进行了长期的角逐。西班牙王位继承战争（参见第53页）后，交战各方签署了乌特勒支和约，西班牙将意大利的米兰公国、那不勒斯王国、撒丁岛等领土割让给奥地利的哈布斯堡家族。由奥地利统治意大利的局面明朗化。

不久，波兰发生了王位继承战争①，而后各国签订了维也纳和约（1735 年），规定那不勒斯和西西里划归西班牙波旁家族的唐·卡洛斯（Don Carlos）支配，卡洛斯称卡洛斯七世，统治该地区。同时，托斯卡纳大公国由玛利亚·特蕾西娅（Maria Theresia，后为奥地利女王）的丈夫、前洛林公爵弗朗茨·约瑟夫（Franz I）统治，死后其子彼得·利奥波德（Peter Leopold）为继承人。

拿破仑的登场

就这样，意大利长期处于被列强分割蚕食的局面，不过从 1789 年开始，法国大革命和拿破仑的出场给意大利带来了巨大的冲击和希望。

---

① 1733 年波兰国王奥古斯都二世病故，有两名候选人争夺王位。一个是路易十五的岳父波兰废王，背后有法国的支持，另一个是奥古斯都二世之子，有俄国和奥地利的支持。王位之争最终演变为统治法国、西班牙及两西西里王国的波旁王朝与统治神圣罗马帝国的哈布斯堡王朝之间的战争。1735 年奥古斯都三世夺得王位。

1796 年，法国督政府①为了牵制奥地利②，委任拿破仑为司令官远征意大利。1798 年，拿破仑远征埃及。其间法国在第二次反法同盟战中失去了意大利，法国国内一片混乱。于是，拿破仑秘密回国，发动了雾月十八日政变③，成为法国第一统领。1800 年 5 月，拿破仑再次来到意大利，打败了奥地利军队。此后，他在意大利建立了共和国和王国，其中多数都被纳入了法兰西帝国版图。意大利王国和那不勒斯王国虽然未被兼并，但实际上也处于拿破仑的控制之下。只有西西里和撒丁免于法国的统治。

法国统治地区效仿法国的各种制度，实行集权官僚制，对司法、行政机构进行改革，废除封建制度，统一度量衡，取消国内关税。这一系列改革大大促进了这些地区的社会和政治体制迈向近代化。

1815 年，拿破仑的统治终告失败，维也纳会议将意大利领土返还给拿破仑统治前的各国势力（图 4-1）。即便如此，制度改革的成果仍有一部分保留了下来，推动了意大利的近代化进程。

---

①法国大革命后执掌法国最高政权的政府（1795～1799 年），前承国民公会，后启执政府。

② 1793～1815 年，英国、俄罗斯、奥地利、普鲁士等欧洲各国为了对抗新兴的资产阶级法国，结成了反法同盟，先后七次同盟作战。

③ 1799 年 11 月 9 日，拿破仑发动兵变，控制了督政府，开始为期 15 年的独裁统治。1793 年国民公会废止基督教历法，改用共和历，将 12 个月重新命名，这一天是共和历八年雾月十八日。

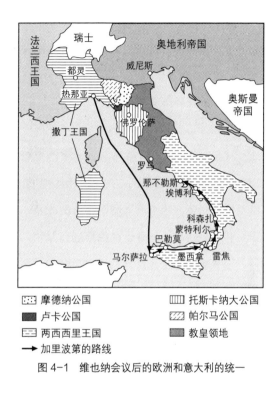

图 4-1　维也纳会议后的欧洲和意大利的统一

意大利复兴运动

　　19 世纪 20 年代，意大利各地出现了许多秘密结社，谋求新的统一大计。例如，建立青年意大利党的朱塞佩·马志尼（Giuseppe Mazzini）等人以建立民族统一、共和自由的民主国家为宗旨，开展了激进的革命运动。这些革命受挫后，爱国知识分子开始倡导更加温和的革新主义，一些政治家甚至积极推动外国势力（拿破仑三世等）介入，以促进改革。

从这一时期开始直至国家统一，意大利的近代化变革被称为"意大利复兴运动"。运动的目标不仅仅是实现国家统一，而且要从政治、社会、经济、文化等各方面着手改变意大利的落后状况。18世纪风靡欧洲各国的启蒙思想和启蒙运动、法国大革命，以及拿破仑帝国统治意大利时推行的改革……诸多因素促成了意大利复兴运动。随着运动的推进和深化，意大利人逐渐认识到，国家统一才是让意大利走上正轨的最终手段。

1848年，革命如火如荼地席卷了整个欧洲。意大利的爱国者们也不例外，为巩固、扩大爱国力量努力着。随着爱国运动的日益高涨，朱塞佩·加里波第（Giuseppe Garibaldi，图4-2）组织的千人红衫军（因着红衫而

图4-2　加里波第和他的家人

得名）开始活跃起来。

在这样的背景下，意大利西北部的撒丁王国经过 1848 ～ 1849 年的革命，由贵族和教会统治下的保守国家转变成推行自由主义改革的国家，并且是意大利唯一一个宪法和议会能够真正发挥作用的国家。

撒丁国王维托里奥·埃马努埃莱二世（Vittorio Emanuele II）执政开明，与首相卡武尔（Camillo Benso Cavour）、拉马尔莫拉（La Marmora）一起大力推进自由主义改革。许多其他地区的政治家流亡至此，就意大利的未来展开政治争论，为实现民族解放和国家统一出谋划策。最终，通过武力结合谈判的方式解放外国侵占区、将其并入撒丁王国以实现意大利统一的观点占据上风，被认为是最可行的方案。

撒丁王国由意大利北部向中部地区推进解放、合并，但并未将统一全意大利纳入具体日程。促成意大利全国统一的是加里波第的军事行动。

1860 年 5 月 5 日夜晚，加里波第率领由一千名志愿者组成的红衫军，乘坐两艘船从热那亚向西西里的马尔萨拉港进发。登陆后，他们击败波旁军队，解放了西西里并扩充了军队。之后，红衫军由此北上，向那不勒斯进军，解放了沿途所有地区。9 月 7 日，红衫军进入那不勒斯城，那不勒斯不战而降。随后，加里波第将红衫军征服的土地献给了南下至那不勒斯城的维托里奥·埃马努埃莱二世。

有趣的是，据说在解放那不勒斯时，加里波第曾高声宣言："诸位，只有通心粉才能统一意大利！"

意大利的统一和国民意识

然而，自北向南的统一方式却给日后的意大利带来了一个政治难题，那就是南北问题。国家统一本质上是北方对南方的征服，无论在政治上还是社会上，南方都从属于北方，这是19世纪后半期至20世纪意大利的基本国情。国家扶植北方的重工业，舍弃了南方的农业和其他零星产业。得不到国家政策支持的南方残留着封建习俗，农民和城市劳动者长期被压抑着。失业、犯罪、怠惰、奴役在劳动者中间蔓延，他们成了国家沉重的负担。

尽管如此，在加里波第和维托里奥·埃马努埃莱二世的努力下，意大利以撒丁王国扩大至全国的形式实现了国家统一（除了奥地利统治下的威尼托东北部和被法国人占领的罗马教皇领地——以罗马为中心的拉齐奥）。1861年意大利王国建立，第一任首相就是曾在撒丁王国担任多年首相的卡武尔。不久，威尼托和拉齐奥也分别于1866年和1870年被统一了。以罗马为首都、独立统一的意大利国家成立了。

建国伊始，意大利政府以统一王国内部的行政和法律制度为当务之急，并未致力于文化和生活方面的整合，各地的居民也没有形成意大利国民意识。尽管国家在形式上实现了统一，但各大区依然强调各自的特性，在南方与北方、城市与农村、贵族与资产阶级和农民、政府与市民之间，存在着严重的价值观和利益对立，很难消除。

因此，意大利在统一领土之后亟须统一国民思想，换句话说，必须培养作为"意大利人"的国民意识。这种统一不能依靠战争或革命这样的暴力手段，必须通过文化来实现。除了语言文化，饮食文化也发挥着巨大作用。

"意大利菜之父"阿图西

佩莱格里诺·阿图西就活跃在这一时代。他的《烹饪科学与美食艺术》堪称划时代的经典之作，他也因此闻名于世（图4-3）。1820年，阿图西出生于罗马涅一个叫作福林波波利（Forlimpopoli）的小镇，父亲是食品店老板。从寄宿学校毕业后，他回家帮助父母打理生意，埋首于书籍和食品杂货中，一直到30岁。1851年1月，小镇遭到了强盗的侵袭，阿图西家也

图 4-3　阿图西和他的著作《烹饪科学与美食艺术》

未能幸免，从此移居佛罗伦萨。

　　起初，阿图西在托斯卡纳的第勒尼安海海滨城市里窝那（Livorno）的一家商行就职，后来他搬到了佛罗伦萨，靠经营银行走上了致富之路。50岁时阿图西离职退休，此后利用闲暇时间撰写了多部著作，同时出于兴趣研究美食，并将其作为后半生的事业。

　　这部1891年出版的烹饪学著作正是他多年的研究成果。阿图西从年少时开始游历意大利各地，熟悉各地的风土人情，这为他编写烹饪书提供了很大的帮助。他深入街巷，全力收集各式菜谱：实地走访各地人家，询问各家的菜谱，并拜托他们日后将菜谱邮寄给他，或者仔细观察旅店老板娘做饭，逐一记录下食材和步骤……后来，阿图西在两位厨师的支持和帮助下再现了这些美食。

阿图西的烹饪书广泛收录了意大利各地的食谱，其中尤以富饶的托斯卡纳和罗马涅（博洛尼亚）地区的美食居多。前者是他长期工作和生活的地方，后者则是他热爱的故乡。除了这两大区域，他对其他地区的城市美食也了如指掌。

通过饮食实现国家统一

或许阿图西最初并没有统一国民饮食这样的宏大理想，不过从结果来看，他的烹饪书促成了意大利国民在面食等饮食文化方面的统一。阿图西的父亲曾是马志尼创立的青年意大利党的成员，他本人也是当地的大富豪，都属于资产阶级这一意大利近代化的中坚力量，这些因素都深刻地影响了这部书的构架和内容。

总之，凭借着与生俱来的对美食的鉴赏力，阿图西认真地对各地的菜谱都做了适当的调整，使它们更加适应时代的要求，并将其呈现给全体意大利国民。他筛选出主要的地方菜并加以整理和归纳，编成能够代表意大利饮食的食谱书，受到新兴市民阶层的热烈欢迎。有人认为，这部食谱书是现代意大利家庭的必备书籍。在意大利刚刚实现国家统一之时，这部著作意义深远，有着不可估量的影响，那就是通过饮食文化实现国民意识的统一。

或许是受到南北问题的影响，这本书对南方菜态度冷淡。比如，普利亚、巴西利卡塔的菜肴在书中毫无踪迹，这实在有欠公平。另外，书中谈到了番茄，却并未提及辣椒。

不过，书中仍然收录了好几道意大利面食谱，这几种面在日后都成为意大利菜中的定式，为此，阿图西称得上是"意大利菜之父"。在此之前，马铃薯面疙瘩在一些地区被认为是奇怪的食物，但在本书中却荣登日常饮食的菜单，历经悠久岁月成为意大利经典的国民菜。此外，他认同将番茄酱用作意大利面酱汁的做法，并首开先河，将番茄汁和番茄酱严格区分开来，同时把后者与意大利面结合在一起。或许正因为阿图西并未把番茄和马铃薯这两种外来食材划归特定的地方菜系，因此它们才能成为广义上的意大利菜的标志。

资产阶级抬头和新的饮食文化

接下来，让我们考察一下阿图西所属的资产阶级。

在意大利，资产阶级精神的传播早于欧洲其他各国。

在威尼斯、热那亚、佛罗伦萨等地区，早在 14 世纪，商人们就把规矩经商、积蓄资本作为家训代代相传，形成了基本的商业礼法。到了 15 世纪，意大利随处都有这样一群人，他们把关心经济作为人生价值的核心，把注意节约、讲究计划性和目的性、重视计算能力贯彻到生活的方方面面。

然而，大约从 16 世纪开始，在西班牙的封建统治下，那不勒斯和佛罗伦萨的市民开始鄙视劳动，追求贵族的封号。越来越多的上层市民希望像贵族一样生活在别墅中，靠养老金悠闲度日。

经历了这样一段历史的倒退期，到 18 ~ 19 世纪，真正的资产阶级诞生了。这时，贵族的价值观对于市民已经不再具有诱惑力了。市民们不再盲目地模仿贵族的生活方式，开始形成自己的世界观和生活方式。

这种态度体现在工作、教育、休闲、家庭生活等各方面，同时也体现在本书的主题——饮食生活方面。资产阶级在饮食上摒弃了奢侈，转而偏爱精致。他们不再为庞大的菜量和繁多的菜式而惊讶，人均食量也有所减少，曾经作为权力和贵族象征的旺盛食欲不再受到推崇。

主妇在整洁的家庭厨房里准备好营养又健康的食物，一家人围坐在桌前，每人各用一套餐具惬意地享用三餐——对于资产阶级来说，这才是幸福的象征。意大利菜中同时融入贵族和农民的生活经验与价值观，这是它与法国菜最大的区别，也是其优点所在。

菜式的"平等"和菜谱的"语言教育"

现在，让我们把目光再次投向阿图西的著作。他展示的意大利菜正是符合资产阶级身份的食物。阿图西甄选出地方菜并加以调整，在完善食谱的同时，大大消除了传统食物中的身份差别。

例如，在过去，野鸡或横斑林莺是贵族才能享用的食材，芜菁和菜豆则是穷人的食材。阿图西尽量消除了这种身份差别，他将不同阶层的食材加以整合，并折中选用中产阶级、资产阶级能够买得起的食材。随着资产阶级对饮食生活日益重视，这本书多次再版，成为当时最畅销的书籍之一，这也就不难理解了。

著名的文化史学家皮耶罗·坎波雷西（Piero Camporesi）指出，阿图西的著作不仅仅意味着饮食的改革，也是语言的改革。有统计显示，在意大利统一之初，说意大利语的人口仅占2.5%，也就是说，当时绝大多数的意大利人都在使用各地的方言，很多人彼此无法交流，如同面对外国人一样。

面对这种情况，一个紧急课题——普及标准意大利语浮上了教育家和政治家的心头。在这股爱国主义教育的热潮中，"国语纯化论"被提了出来。

阿图西的烹饪书就诞生在这一时期。在介绍食物的过程中，他同时融入了语言教育。阿图西将托斯卡纳语、方言、术语、俚语、女性用语等植入意大利语中，并使其适应意大利语的规范，在通用意大利语与意大利方言之间架构了桥梁。他将各地方言中零乱不一的称呼翻译成意大利语，促进了餐饮用语的合理化、地域平等化和规范统一化。

他选择的通用意大利语以一半佛罗伦萨语、一半罗马涅语为基准，是农民普遍使用的优美语言。阿图西没有让某一地区的方言独占餐饮界，他兼收并蓄，将各地的语言一同纳入餐饮用语体系，他热爱这样的饮食语言空间。从外部进入这一空间的菜式名称自此成为标准的意大利语。

从前，为宫廷贵族服务的厨师们推崇法国的新词，阿图西并不认同这种倾向。他没有将奇怪的法语名称、法语译名或者令人费解的混合语写入菜谱中，而是致力于纯化家庭餐饮用语，在意大利各地搜集大多数意大利人都能理解的菜名和食材名，将其写入菜谱中。

国民菜和地方菜

我们再来考虑一下"统一—国民菜"和"地方—地方菜"的关系。19世纪后半期，阿图西向意大利国民展示了典型的意大利菜。许多人按照他的食谱做菜吃饭、称呼食物，随着这种社会饮食习惯的逐步形成，意大利人逐渐从内心——或者说通过胃口实现了国民身份的统一。

不久后，意大利菜作为意大利饮食文化的代表在国际上得到了认可。在意大利以外的国家，人们也开始谈论意大利菜，旅行者们非常向往意大利菜。当时没有电视，传媒远不如现在发达，不过出版业却十分兴盛，烹饪成为书报中的热门话题。

国民菜的框架越是明确清晰，热爱本地的居民就越要展示出当地饮食的独特性，以此与其他地区竞争，这可以说是一种自然的趋势。对游客而言，到处都一样的意大利菜显得索然无味，他们热衷于发掘各地的特色美食。

也许有人不认同，但我认为，正是在整个国家饮食统一的时代，各地的人们才更重视并开发地方菜，开始大力宣传地方特色美食。19世纪，各地的中心城市，以及出版社聚集的城市频频出版像《米兰菜》《博洛尼亚菜》这种按城市划分的地方菜谱集。

第 5 章

母与子的思念

充当母乳的意大利面

翻开意大利的报纸和杂志，经常可以看到演员、政治家、作家等的文章，写他们常常会静静地怀念面食的香气，那香气让他们回忆起的温馨和母亲的慈爱。意大利电影中也经常出现母亲、妻子或者祖母做意大利面的镜头，而且做面、吃面的场景通常在整部电影中起到非常重要的作用。

母爱的味道与食物融为一体，在这种味道中长大的孩子，无论何时都无法忘记这份温暖。饭菜带来的感情牵绊在各个国家都很常见，在意大利人身上似乎表现得尤为突出，从历史来看，或许是因为他们与母亲的关系特别深厚。

面这种食物爽滑柔软，让人百吃不厌。滑滑的面条依次经过唇舌、上颚、喉咙进入腹中，吃面的每一个阶段都让人感到快乐。如果这碗面是母亲亲手做的，那它带来的快乐和安心感对于孩子来说便是无可替代的珍贵体验。一个人从孩提时代至长大成人，如果母亲一直为他做这样的食物，那么面食之于他就像是母乳之于婴儿，少年和青年时代就像是婴儿期的延长，母亲始终相伴。在这个过程中，他会对面食带来的口感和心理满足产生依赖，并带着这种依赖继续生活。

从中世纪开始，意大利人就极其崇拜圣母玛利亚。直至现代，这种崇拜在意大利农村地区依然非常普遍。供奉玛利亚的教堂随处可见，玛利亚的灵地多达成百上千个。哺乳的圣母像（图5-1）在意大利极为常见，描绘的是婴儿时的耶稣吸吮圣母的乳房，圣母慈祥守护的情景。从中似乎可以看到意大利人的原型：孩子紧紧黏着母亲，断奶后通过面食维系着与母亲的联系，母亲与孩子相依相偎，彼此难以分离。意大利人具有独特的个性，更确切地说是民族性格，比如无条件的母爱、乐观地信赖、轻微的负罪感、较弱的自我超越能力、对弱者和穷人的同情与爱、迷信、顺从命运、热情待人……这些具有母性

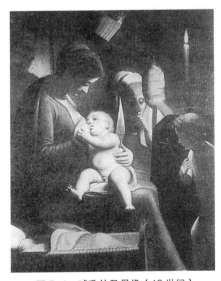

图5-1　哺乳的圣母像（16世纪）

特质的性格，或许都是从面食这一母子之情的联结中衍生、发展出来的。

食用意大利面需要合作与联系，这意味着拒绝孤独。意大利面需要与家人或者朋友一起热热闹闹地享用，吃面时不是埋头吃自己的那一份，而是大家一起从盛满面的大盘子里盛取享用。面确实是一种柔软而有包容力的食物。

"面做好了，快来吃吧！"微笑的母亲把盛满了面的大盘子稳稳地放在餐桌上，对于坐在桌前的孩子来说，这样的场景让他感到非常开心，也极为安心。此后即使自己一个人吃面，也能感觉到其中蕴含的亲情牵绊和母亲的慈爱，我想这不仅仅是我个人的体会。

负责做饭的女性

做饭是女性的职责——当然，这种观点至今未得到公认。擅长做饭的年轻男性很多，也有很多年龄稍长的男性去烹饪学校学习厨艺，餐厅的主厨多半是男性。

不过，在不久之前，无论在欧洲还是日本，社会上普遍存在一种固有的观念——女性应当负责家务，男性则在外工作，处理公事。而对于女性来说，最重要的家务就是做饭。

近代化革命开始以前，民众生活贫困，偶尔会买一些便宜的食材，女性要利用这些食材或者家中剩余的食物为家人准备美味的饭菜，这是一个困难的任务。由于天主教思想（关于天主教的女性观，请参见第 146 页）在意大利极为普及，在整个欧洲范围内，意大利女性与饭菜的联结最牢固。用现有的便宜而缺乏变化的食材做出可口多样的美食，这需要丰富的想象力，主妇尤其需要这种能力。而最能发挥这种想象力（创造力）的食物正是意大利面。

擅长做饭是结婚条件

前些年，在意大利半岛南端的卡拉布里亚地区，女性结婚的前提条件之一就是能用同样的食材做出至少 15 种意大利面。南部的普利亚地区要求女性必须会做传统的猫耳朵面。在意大利中部的阿布鲁佐地区，有一种特产工具"吉他"，外形酷似弦乐器，用于制作面食。在该地区的佩斯卡拉城（Pescara），保留着一份 1871 年的公文书，吉他作为陪嫁品之一出现在其中。这表明，当时的人们重视用吉他制作面食的能力，这被视为优秀主妇和未来新娘的基本素养（关于猫耳朵面和吉他请参见第 110 页、第 112 页专栏）。

在意大利中北部的艾米利亚-罗马涅地区，人们认为家庭主妇最重要的能力之一就是制作酥皮。也就是说，身为主妇必须擅长揉面，能巧妙地用擀面杖擀出薄而大的面皮，切分后做成完美的面食。因此，当婆婆紧盯着未来媳妇的手指时，通常提出的第一个问题就是："你知道怎么做酥皮吗？"对于媳妇来说，这是令人紧张的一瞬间。媳妇的手指应该是纤细的，这样才可以灵活地把面皮弯折、叠成漂亮的馄饨造型。在当地，新娘的嫁妆中就包括了切面刀。

从古至今，对于意大利的农民来说，与美貌和读写能力相比，擅长做饭一直是更重要的嫁人资本。因此，过去农民家中最重要的地方就是厨房。为了填饱全家人的肚子，使他们第二天能有足够的体力学习或工作，母亲（妻子）每天都在厨房辛勤劳作，准备可口的饭菜。与此同时，母亲从女儿年幼时就开始努力地传授自己的制面手艺，为女儿将来出嫁做好充分的准备。

母亲言传身教，女儿学习模仿。在博洛尼亚，为了方便年幼的女孩学习制作面食，会特意在厨房中准备踏脚台，以便矮小的女孩可以踩在上面够到操作台。直到二三十年前，这种踏脚台在当地一直被视为必备的嫁妆之一。

心灵手巧的制面女工

在近代工业革命以前，离乡从事意大利面制作工作的几乎都是女性。中世纪时，许多行业的女性即使学有所成，也无法成为独立的工匠，更不要说成为师傅，她们在基尔特中受人歧视。不过，在纺织业、旅馆业、奢侈品以及与食品相关的行业，却有很多女性从业者，而且她们能够取得一定的地位和财富。如果成为资深工匠，她们还可以带学徒，有权制定经手产品的品质标准和价格。面食业就是这类行业之一，女性和男性一样拥有经营面食店的权利，可以监督面食从和面、整形到干燥的全过程。

即使意大利面在某种程度上实现了生产机械化，但是豆粒、果实等形状的面食还是无法用机器生产。因此，心灵手巧的女性得以受到重用，她们用灵巧的双手做出了各种创意造型。

18世纪初，那不勒斯地区托雷安农齐亚塔（Torre Annunziata）的女工以擅长制作面食闻名。同一个世纪，布林迪西（Brindisi）的女性也每天专心致志地用细腻的杜兰小麦粉制作各种特殊形状的面食。正是因为她们的心灵手巧和辛勤劳作，这些面食成了当地的特产，广为人知。类似的还有巴里附近的阿夸维瓦（Acquaviva）的修女，她们精心研制各种面食，声名远扬。

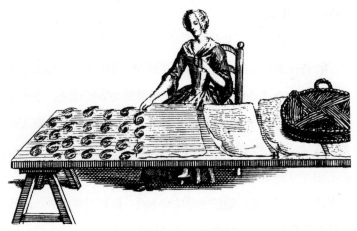

图 5-2　制作蜗牛形面食的女性

　　歌德在《意大利游记》中记载了他在 1787 年 4 月 24 日的见闻。那天，他投宿在西西里吉尔真蒂（Girgenti，今阿格里真托）的一户人家。偌大的房间里，姑娘们用纤细的手指灵巧地制作着蜗牛形意大利面（图 5-2），对此他感到十分有趣。歌德还提到，通心粉是用顶级的硬质小麦粉制成的，手工制作的比机器生产的更加美味。

　　通过以上事例可以看出，意大利面一直和女性密切相连，制作面食长期属于女性的工作。因此，人们提到面食就会想起母亲，提到母亲也自然会联想到面食，母亲与面食之间形成了一种不可分割的联系，并一直延续至今。换句话说，面食就是

"妈妈的味道"。

近代以来，工厂成为生产意大利面的主体。机器生产所占的比重越来越大，生产分工也越来越细，不再依赖女性的灵巧双手。男性成为生产意大利面的主角，而女性只被委以比较简单的工作，薪酬也大大低于男性。当然，在家庭中，制作意大利面的主力依然是女性，这一点并未动摇。

妈妈的味道

意大利菜主厨马尔科·保罗·莫利纳里（Marco Paolo Molinari）在日本非常活跃，他在自己的著作《意大利面万岁！》中提到，18世纪的剧作家卡洛·奥斯瓦尔多·哥尔多尼（Carlo Osvaldo Goldoni）在14岁时曾和朋友一起从天主教会的寄宿学校逃学，从里米尼（Rimini）坐船前往基奥贾（Chioggia）。中途，他们差点饿晕了，于是提议各自说出想吃的食物，结果大家一起高喊"通心粉"。也许他们都想起家中母亲亲手做的美味面食了吧。

20世纪初，意大利儿童文学的杰作——万巴（Vamba）的《捣蛋鬼日记》中也有类似的情节。9岁的主人公詹尼诺是个挑食的男孩，不过他非常喜欢吃母亲让女仆卡泰丽娜做的凤尾鱼实心细面。后来由于他太过顽皮，父亲一怒之下将他送进了寄宿学校。他厌倦了学校里每餐不变的大米杂菜汤，无比怀念实心细面。

充满温情的面食，健康美味的面食，一小盘就能让人大感满足的面食，与家人和朋友密切相连的面食……意大利人常常说："做些面吃，让我们和好吧！"这种宽容、温柔的力量，不正是意大利面所象征的母亲身上的伟大力量吗？制作面食的时候，女性把母性之爱也融入了面团中，揉制成形。面食把吃面的人联结在一起，承载着家人和朋友对日常生活的回忆。凝结了母亲心意的面食有着妈妈的味道，一定会给孩子带来巨大的影响。

据说，在十几年前的那不勒斯，婴幼儿最初的离乳食就是顶针面（tubetti），被称为"妈妈的面食"。所谓顶针面，是一种切成短管状的通心粉，一般做成汤面食用，当然也可以搭配各种酱汁。作为离乳食的顶针面，想必会煮得软烂如泥吧。这种充满温情的那不勒斯面食适合搭配各种豆类，不仅味道可口，而且营养丰富。

鸡汤小帽饺

上文提到，面食有着妈妈的味道，关于这一点，第4章介绍过的阿图西讲过一个有趣的故事，是关于博洛尼亚的夹馅面食小帽饺的，在此我想和大家一起分享。故事讲述的是"母亲的记忆""妈妈的面食"的弥足珍贵，在此我将食谱也一并记录下来。

罗马涅风味小帽饺
因为呈帽子形而得名。给大家介绍比较简单的做法，以免给胃增加负担。

里科塔乳酪 180 克, 或里科塔乳酪和鲜乳酪(raveggiolo)
各一半共 180 克
鸡胸肉半块, 加黄油、盐、胡椒烤香后切碎
帕马森干酪碎 30 克
全蛋 1 个, 蛋黄 1 个
肉豆蔻及其他香辛料少许, 根据个人口味可添加适量
柠檬皮和少许盐

可以选用喜欢的食材做馅料, 不过要适当调整味道。没有鸡胸肉时, 可用 100 克猪里脊肉代替, 也要预先烤香。

如果里科塔乳酪或鲜乳酪质地太软，就不要加蛋白，过硬的话多加 1 个蛋黄，调整至合适的软硬度。在面粉中加入鸡蛋（可加入剩下的蛋白），混合成柔软的面团，用擀面杖擀成薄而大的面片，再用大小适当的圆形模具切成饺子皮。在饺子皮中央放上馅料，对折成半月形，捏合边缘。最后将两端重叠、捏合，使中央的馅料部分隆起，做成漂亮的帽子形。

若饺子皮较干，可用手指蘸水润湿边缘。用小帽饺做杂菜汤时，用阉鸡汤煮制十分美味。这种动物（阉鸡）味道鲜美，常被人们用作庆祝圣诞佳节的供品。罗马涅也有这样的风俗。让我们用阉鸡汤煮小帽饺吧。在本地，您可能会遇上吹嘘自己在圣诞节吃掉了 100 个小帽饺的"英雄"，不过那样敞开肚皮大吃一通的话可能会撑死，我认识的人中就有为此丧命的。有节制的人吃两打就足够了。

关于鸡汤小帽饺，我想讲一则虽然不太重要，却能引起思考的小故事。

先交代一下当地的社会状况以便您了解，罗马涅地区的男人几乎不读书也不动脑筋，也许是因为他们从儿时起就没见过父母用心读书的样子。另外，当地人过着知足常乐的生活，或许觉得没有接受教育的必要。因此，从后期中等学校①毕业后，

---

① post-secondary school，15～18 岁的青少年接受的高中以外的教育，通常教授职业技能。

当地 90% 以上的年轻人都不愿继续读书，就像无论怎样鞭策，依然停步不前的马儿一样。

在罗马涅低洼地区的一个村庄里，生活着一对夫妇和他们的儿子卡利诺。父亲以进步人士自居，给儿子留下了足够的积蓄。不过，他还是希望儿子能成为一名律师，不，最好是议员（在当地，律师和议员的差别很小）。为此父亲特地开了几次家庭会议，大家有的赞成，有的反对。最后，父亲决定把儿子送到离家最近的城市费拉拉，让他继续读书深造。父亲强拉硬拽，把卡利诺从含泪的母亲的怀里拉开，忍痛将他送到了费拉拉。

过了不到一星期，这天，夫妇俩正坐在摆放着鸡汤小帽饺的饭桌前。长久的沉默后，母亲叹息着低语："唉，我们的卡利诺要是在家的话，他该有多高兴！他最爱吃鸡汤小帽饺了！"话音刚落，就响起了敲门声。开门后，只见卡利诺高兴地冲了进来。"你怎么回来了？发生什么事了吗？"父亲惊叫道。卡利诺回答："埋在书堆里的生活根本不适合我。如果让我回去过那种牢笼般的生活，我宁愿粉身碎骨。"母亲却十分高兴，一边和儿子热情相拥，一边回头对父亲说："随他高兴吧。俗话不是说'活驴强过死博士'吗？孩子还有很多感兴趣的事可做呢。"从那以后，卡利诺的兴趣不是枪、猎狗或拉着小型货车的烈马，就是一年到头纠缠年轻的农家女孩。

天主教的女性形象

至此，我们一直将意大利面视为母亲的象征，称它是在本质上与母亲相系的食物。我们承认，正是妻子和母亲这样的家庭守护者为意大利创造了灿烂的饮食文化，并塑造了意大利人的优良品质。

不过，这真的是绝对正确的吗？尽管我也认同母亲在家照顾孩子、制作美食是让人安心的场景，可女性的社会使命就只是扮演好母亲或者主妇的角色吗？难道就没有选择其他选项的自由吗？当然不是。古往今来，各国的历史无不表明，性别角色并不是绝对的，而是具有相对性的，随时代和环境的变化而变化。

这不禁让人猜测，将面食视为母亲的象征，这种观念在意大利根深蒂固，是不是有什么"内因"呢？且不说近代初期之前，即便在鼓励女性进入社会、主张女性从事公共活动的权利与自由的现代，人们仍然推崇女性在家相夫教子的形象，这未免有些奇怪吧？

从中世纪开始，天主教就一向歧视女性。教会宣称，现世的女性都是夏娃的后裔，生而染罪，后天因为诱惑男人而愈发罪责深重，几乎无可救药。但是，女性至少应该效仿被耶稣救赎的抹大拉的玛利亚①，努力赎罪……天主教教律一方面强调男女完全平等，另一方面却将女性的地位置于男性之下，采取双重标准。也就是说，在目不可及的属灵教会中，男女是平等的，但是可见的地上教会却不得不主张男尊女卑的性别定位（由于肉体和原罪的存在）。

首先，女性不能担任神职工作。其次，在举行神圣仪式时，女性不能靠近祭坛，也不能触碰神圣的器具和布。在教会看来，女性本就不该恬不知耻地出现在公众场合，在教堂中也应该保持沉默。这样一来，女性便被束缚在家庭中，服从并服侍她们的主人——父亲或丈夫，一些教会还对在这方面表现突出的女性给予奖励。

法国大革命后，天主教的保守性依然没有明显的改变。教会虽然致力于社会运动，组织行业协会，保障农民的生活，但绝不会主张女性解放的观点。

资产阶级女性规范

前一章讲到，18 世纪至 19 世纪初期，部分旧贵族和新兴

---

① Mary Magdalene，原为妓女，后来悔罪向善。耶稣深受感动，赦免了她的罪，赶走了附在她身上的七个鬼，使她净化得救，此后她便侍奉在耶稣左右。

市民逐渐转变为资产阶级。资产阶级作为社会中心阶层有着重要的地位，在政治和文化领域开始发挥主导作用。与贵族相比，他们更富有民主思想，然而在性别观念上，他们却和陈腐的贵族一样，甚至比贵族还要保守。

例如，在19世纪的资产阶级社会，许多宗教和非宗教人士纷纷撰写教育指导，提倡发挥女性的"新作用"，寻求女性的"理想状态"。令人惊讶的是，天主教会原本并不支持市民社会尤其是女性教育的发展，却在这时和新兴世俗文化提出了相同的建议。他们主张摒弃修道院等旧体制下的教育，代之以更加自由的教育，这种教育不仅针对贵族和上层市民，也惠及平民女性。可实际上，这种教育塑造的理想女性形象仍然是贤良淑德的好妻子、好母亲，家庭中的教育者和心灵守护者。

在这样的背景下，真正有教养的女性被认为是企图破坏社会安定的角色，不被社会信任。从事专业工作的女性被视为不正派的人，遭人疏远。法国大革命后形成了新的社会秩序和市民秩序，国家和教会表面上主张女性要在其中发挥重要作用，实际上这种主张仅限于家庭内部。为了确保资产阶级伦理下家庭的稳定性和凝聚力，要求居于家庭中心位置的女性是"贞淑有德的妻子，贤明有远见的母亲"。这也是国家和教会为了更好地管理家庭而提出的要求。

"女主内，男主外"，基于这种中世纪和文艺复兴时期以来的性别角色分工，19 世纪时，意大利提出了"意大利母亲"这一光荣的典范形象。很多女性杂志、女性教育或礼仪读物都开始宣传身为女性应有的思想准备和应当承担的义务。这种典范形象实际上限制了女性的权利和自由，但由于它为维护国家和社会稳定作出了巨大贡献，反而被大加赞赏。

由当权者和资产阶级男性创造出来的女性形象，反映了近代资产阶级理想中的家庭状态，以及他们试图将女性、家庭与社会的形成联系在一起的一种意识形态（受历史和社会立场制约，带有阶级和党派色彩的观念形态）。

从这样的思路来看，为大受欢迎的国民美食——意大利面附加上温馨动人的故事，把它作为维系家庭的纽带和母性温情的象征，其实是这一时代的社会集体无意识推动的一种趋势。而且，许多身在其中的意大利人都对这样的故事深信不疑。

法西斯体制下女性的作用

进入 20 世纪后，这种状况也没有立即得到改善。第一次世界大战时，意大利起初想要保持中立，但从 1915 年起，意大利加入了英国、法国、俄罗斯和美国一方，卷入了对立和战争中，与德国和奥地利开战。

幸运的是，意大利所属的协约国一方在战争中取得了胜利。但是，意大利国内的经济、政治状况却日益恶化，工业也在国际竞争中败北，失业问题日益严重，四处都暴发了罢工和游行。在这一时期，左翼革命势力和极右势力抬头，后者认为只有自己才能维护社会秩序，承担起"防止共产主义破坏国家状态的职责"。

为响应极右势力，1919 年，曾在第一次世界大战中主张意大利参战的年轻记者墨索里尼（Mussolini）在米兰创立了法西斯党。后来，他打着民族主义的旗号得到了社会大众的支持，在选举中取得胜利，夺得政权。1924 年，他成为军队统帅，掌握了全部实权，在意大利确立了法西斯体制。所谓法西斯，是指在第一次世界大战和第二次世界大战期间，以欧洲为中心向外蔓延，煽动国民感情、宣传国粹思想的运动和政治体制。在政治上，一般以否定议会政治、一党独裁、抑制国民自由和对外侵略为特征。

墨索里尼认可天主教为意大利国教，与教皇签订了拉特兰条约①。在他的统治下，个人和社会团体的自由逐渐受到抑制，出版、言论自由渐渐被剥夺，反对者也被一一肃清。

这一体制的支持者主要是中产阶级和新兴资产阶级，另外，

---

① 1870 年意大利王国攻占罗马，教皇国形同灭亡，教皇困于梵蒂冈，与意大利长期对峙。条约解决了这一"罗马问题"，意大利承认梵蒂冈城国的独立主权。

法西斯管理下的行会和农民中也有很多支持者。在法西斯统治初期，政府采取了适度民营化、放宽贸易限制、削减税收等经济政策，促进了工业发展和农业复兴，失业率也有所下降。

但墨索里尼和其他许多意大利人做着不自量力的白日梦，在非洲发动殖民战争，在政治上亲近纳粹德国。1940 年 6 月，意大利参加了第二次世界大战，战争的接连失利使意大利国内的反战情绪高涨。1943 年，意大利败给了英美联军，墨索里尼垮台，巴多里奥政府宣告投降。德国立刻从北方侵入，占领罗马。自此，意大利人民展开了反抗德国占领军的斗争。1945 年 4 月 25 日，意大利全境得到解放。

上文提到，支持法西斯体制的是新兴资产阶级，而新兴资产阶级希望女性专心扮演好贤妻良母的角色，由此可知，法西斯主义与教会一样保守，反对女性进入社会。由于城市化进程的加快和产业革命的发展，许多女性积极进入社会，法西斯主义者对这些女性持批判态度，企图使性别分工退回传统状态（第一次世界大战前的状态）。

墨索里尼将女性应有的形象定位为"妻子、母亲、妹妹"，并大肆展开宣传。他还颁布了许多措施，限制女性走出家庭、从事社会工作。对法西斯体制而言，女性是家庭政策的重点施政对象（法西斯认为，鼓励女性生育、操持家务可以降低失业率，战争属于男性）。墨索里尼将女性禁锢在家庭中，让她们承担满足家庭内部各种需要的责任。

意大利面和女性

让我们将视线从历史拉回意大利面。女性（母亲）是家庭的守护者，母亲做的饭菜（意大利菜）是母爱的象征。在不久之前，几乎所有意大利人都对此深信不疑。但在这种观点的背后，隐藏的是近代资本主义国家在政治、宗教和社会方面的意识形态。一方面，有人得益于此，另一方面，也有很多人被巧言说服、拉拢，丧失了许多权利和机遇。

有意识地反对并与这种性别歧视展开斗争的妇女解放运动也确实发生过。不过即便没有这种斗争，伴随着世界文明进程的推进，性别分工也会渐渐改变。在这一过程中，如果人们的生活形态有了实质的变化，比如女性可以在社会上自由工作，那么上述资产阶级意识形态（意大利面的象征及其附加的女性故事）的使命也已完成，或者说渐渐成为遥远的故事或传说。

第 6 章

意大利面的反对者

19 世纪末的平民饮食

在第 3 章，我们认识了从中世纪到近代生活贫苦的意大利农民，后来他们的生活是否发生了变化？他们从什么时候开始能够饱餐意大利面呢？退一步说，他们从什么时候开始能在日常生活中吃到意大利面呢？

19 世纪 70 年代的调查显示，在意大利所有农村地区，富人都能吃上小麦面包（白面包），而北方的穷人却只能吃由大麦、黑麦、荞麦、栗子等制成的杂粮面包和糊糊。向南走的话，糊糊也没有了，穷人只能以黑面包为主食。

1892 年，费拉拉县戈尔纳村（Gorna）有一位 39 岁的短工，他和 38 岁的妻子、14 岁的儿子一起生活。他接受了采访，人们从而得以了解他们的饮食生活。在 3 月，他们以玉米糊为主食，此外食用一些栗子糊、鹰嘴豆和鲱鱼。8 月则以面包和意大利面为主食，同时可以吃到 3 月份 3 倍之多的鹰嘴豆、西瓜以及富含油脂的纸包乳酪烤金枪鱼。调查结果表明，农民的饮食会随

图 6-1　1900 年农民的饮食

着季节的变化发生较大的改变。

19 世纪后半期，人们已经能经常吃到糊糊和意大利面了，但农民和穷人却不是每天都能吃上小麦类的面食（图 6-1），中上层市民才能常常吃意大利面。

贫农的近代

据北村晓夫先生讲述，在近代意大利，发生了几件大事（参考《千面意大利——多样而丰饶的近代》，日本 NHK 文化广播

"历史再发现"栏目)。

18世纪以后，欧洲各地掀起了农业革命，四轮耕作法成为标准耕种法，粮食产量飞跃式增加，并且一年四季都能饲养家畜。随着农业技术的革新，大农场化不断推进，农业近代化和资本主义化均得到发展。土地经营者从大土地所有者手中租借土地、而后雇佣农业劳动者耕作的土地经营模式得到普及。然而，这一进程在意大利却遭遇了难题。意大利各地区的气候、地形、风土条件各异，这种农业变革并不适用，因此意大利的农业发展滞后于欧洲其他国家，这种情况一直持续到19世纪乃至20世纪前半期。

毋庸置疑，小麦是农村最重要的粮食作物，可在20世纪以前，农民几乎没有吃过意大利面或其他小麦制品，比如面包。本书前几章的记述或许会让人产生一种错觉，误认为在11～12世纪的西西里和热那亚、中世纪末及文艺复兴时期的托斯卡纳、17世纪以后的那不勒斯、国家统一时的意大利全国，意大利面极为普及。但实际上意大利面和普通民众的日常饮食距离尚远，并非每天都能吃到。近代以来，意大利面逐渐得到推广（17世纪后的那不勒斯除外），但想必也仅限于城市的富裕阶层和中间阶层。占据意大利国民大多数的农民可以随时吃到意大利面，意大利面真正成为意大利国民食物，还要等到20世纪后半期。

在此之前，农民长期以杂粮面包为日常主食。引入玉米后，意大利北部地区的人开始把玉米糊作为主食。至于肉类，偶尔能吃上劣质的萨拉米香肠。有些地区的农民还大量食用豆类、马铃薯和栗子。托斯卡纳的佃农偶尔食用果蔬园中的水果，宰杀家畜补充肉类。在伦巴第的农村，除了玉米糊，人们还食用杂菜汤和青蛙。总之，肉类是有钱人才能享受的奢侈品，意大利面也一样。

19 世纪的贫困疏远了意大利面

进入近代后，意大利农民和其他普通民众的饮食生活每况愈下。从中世纪到 18 世纪，意大利面的普及比较顺利，但进入 19 世纪以后，普及之路却因为民众生活条件的不断恶化而一度中断。

根据北村晓夫的记述，在 19 世纪的意大利农村，由于人口的急剧增加和农业的相对滞后，广大农民不得不忍饥挨饿。有统计显示，19 世纪初期意大利人口约为 1800 万，到 1901 年，人口增至 3400 万之多。公共卫生的普及和医疗技术的进步降低了死亡率，这是人口激增的原因之一。由于收成不佳，农民为养家糊口饱受艰辛。

这一时期，意大利的土地所有制发生了变化，也加剧了农民饮食条件的恶化。与其他国家一样，土地租赁者（中产阶级、上层平民）从领主手中租借大规模农场，雇佣劳动者耕作，并签订不利于劳动者的合约。这样一来，在漫长的租期内，过去农民共用的森林等村庄公共土地转为土地租赁者私有，农民失去了此前拥有的多项权利，如使用森林资源等。农村贫富差距扩大，出现了大量贫农。

19 世纪末至 20 世纪初，意大利的经济状况总算得到了改善。在饮食生活方面，农民也终于摆脱了单一饮食引发的疾病风险。例如，引发糙皮病（因缺乏烟酸引起的手足、面部皮炎和消化道症状）的单一玉米饮食得到改善。农民得以摄入充足的传统小麦食物，其他杂粮渐渐淡出了他们的饮食生活。小麦面包和意大利面终于确立了主食地位。

法西斯改变了饮食文化

19 世纪末到 20 世纪中期，意大利国内开展了多项调查，比如当局对饮食情况的调查，医生对营养不良引发的疾病的调查等。与此同时，在强有力的国家政权的推动下，意大利人开始了对抗饥饿的运动。在法西斯统治时期，这项运动得到了大力推进。所谓国民食物，就是指国民普遍食用、对维系民族主义发挥重要作用的食物。法西斯尝试从底层开始促进社会公平，有力地促进了意大利国民食物的推广和普及，其中居功至伟的当属军队制度。

在第一次世界大战的四年间，许多农民被征召入伍，由此得到了改善饮食生活的机会。在军队服役期间，他们养成了新的饮食习惯，食物更加丰富，饮食方式也更富于变化，糙皮病患者大大减少了。战后，由于生产力水平的提高，农民也能吃得起小麦面包、鸡蛋、牛奶、乳制品和肉类了。尽管饮食谈不上奢侈，但肉类不再是难得一见的食材了。饥饿和营养不良渐渐成了过往。

就这样，20世纪20～30年代，法西斯统治下的意大利将这种农民（士兵）食谱在全体国民中推广。同时，国家还为国民确立了三大目标，即支持国货（食用国产粮食，以促进农业独立）、保持健康、增加人口，并且在一定程度上实现了这三个目标。法西斯营养学家认为，营养丰富的面包和橄榄油才是意大利这个农业国家全体国民的命定之选。法西斯体制虽然剥夺了意大利人的自由，但在饮食生活方面，却触及了意大利饮食的本质。

法西斯体制瓦解后，这种饮食观念依然部分保留了下来，最终形成了以面包、意大利面、橄榄油为基础食材，辅以肉类、鱼类、蔬菜和乳制品的意大利菜系。意大利菜营养均衡，美味可口，将意大利人从饥饿中解脱了出来。就这样，国民菜与地方菜相携并进，第4章提到的阿图西的梦想终于在半个世纪后实现了。

意大利面的反对者

意大利面终于登上了普通意大利人的餐桌。然而，伴随着这一趋势，出现了一种倾向，它企图将意大利面拉下国民食物的宝座。现在，我们改变一下视角，一起来了解一下近代至现代否定意大利面、给意大利面带来危机的事件。

在此主要介绍三个事件。一是19世纪开始的意大利移民运动使意大利与美国的关系变得密切，其间经历了意大利统一和第一次世界大战这两次战争。意大利国内的亲美派认为，意大利面是乡下食物，"笨重"（参见第170～172页）且没有营养。二是19世纪末至20世纪20年代兴起的思想文化运动——未来主义的影响。最后一个是意大利的女性问题，以及生活、饮食方式的变化所引发的危机。

贫困与美国移民

说到意大利与美国的关系，让我们首先看看移民人口的动态。对世界饮食文化来说，这是一个非常有趣且颇具启发性的课题。

让我们简单回溯一下历史背景。前文讲到，意大利的国家统一非常晚，直到 1861 年才实现。国家统一是意大利人的夙愿，自然值得庆贺。不过，意大利人并没有因此立刻富裕起来。随着城市化和工业化进程的推进，许多手工业者纷纷失业，生活比以前更加贫困，这是近代化的副作用。此外，价格低廉的工业产品从北欧涌入意大利，加重了对手工业的打击。而对于南方农民来说，一如既往的重税和维持统一、强力的政府的运作已经是沉重的负担，加上价格低廉的小麦从国外大量进口，当地农业萎缩，他们的境况愈发悲惨。然而，正如之前讲到的，意大利国内人口却在急剧增长。许多男性失业，无法养活家人。于是，这些失业者，尤其是意大利南部的失业者开始漂洋过海，寻找新的出路。

今天，谈到移民问题，主要是指亚洲和非洲的移民问题。不过，在 19 世纪前半期到第一次世界大战期间，欧洲内部的移民和前往美国的欧洲移民规模庞大。许多意大利人移民去了美国。

19 世纪 80 年代，意大利南部开始出现大规模移民。起初，移民主要来自卡拉布里亚、坎帕尼亚、普利亚、巴西利卡塔等半岛南部地区，1900年后，移民趋势蔓延到了西西里。这是一次大规模的人口流动。1876～1924年间，有超过450万意大利人移民美国。值得注意的是，其中200万以上的人口移民时间集中在1901～1910年这十年间。当然，移民的目的地不只美国，还有其他欧洲国家和南美国家。

对意大利人的歧视

1910年以后，移民的形式大多不再是一家之主独自外出打工，而是丈夫携妻儿一起移居。换句话说，举家移民成为主流。在移民地，来自同村的意大利人通常聚居在一起，把带有鲜明地域特征的意大利农村文化也原封不动地移植了过去，可谓爱乡主义（热爱故土，以祖国为豪）的真实写照（图6-2）。

在美国，许多意大利移民从事季节性劳动，在建筑工地、铁道、矿山以及其他公共事业建设场地工作。无论是在居住方面，还是工作方面，他们都受人歧视。一些厌恶、排斥意大利人的美国人甚至滥用私刑，许多意大利移民惨遭胁迫和暴力而死。还有一些美国人根据伪优生学和社会进化论，认为意大利人是劣等人种。

图 6-2　纽约的小意大利（1900 年）

饱受非议的移民饮食生活

那么，那些来到美国的意大利移民，他们的饮食生活是怎样的呢？他们依然保持着故乡的饮食传统，在恶劣的生活环境中吃着简单的饭食。日常吃的都是农民饭菜，即以小扁豆、蚕豆、豌豆、玉米、番茄、洋葱以及绿叶蔬菜等为主要食材做成的简单食物，面包则以粗劣的黑面包为主。意大利面算是奢侈品（这和当时的意大利农村一样）。他们一度甚至只有在节庆时才能吃到肉，一年不过两三次。随着经济状况的渐渐好转，意大利移民也开始更多地食用意大利面、肉类、砂糖和咖啡等。

经常吃意大利面的意大利南部移民受美国人歧视,被贬称为"通心粉"。美国当局唯恐这种饮食生活方式会带来负面影响。他们认为,以意大利面为主的饮食方式不仅不利于意大利移民的身体健康,甚至会波及其他美国人。为此,美国政府多次派遣社工(社会监察官、社会工作者)到移民家中去,劝告他们尽快融入美国的饮食生活。政府还针对移民学童做了饮食调查,认为他们的饮食太贫乏、不科学,积极地给他们发放肉类和牛奶补贴。

一些学会杂志,甚至是普通杂志,借专家的权威多次指责意大利移民的饮食不科学。他们指责意大利人总是将肉类和蔬菜一起烹饪,经常煮满满一大锅面食或杂菜汤,杂烩菜则长时间炖煮。这些做法破坏了食材本身的营养,而且很不利于消化。除了饮食生活的"不妥",社会工作者们还注意到,意大利移民的家长对孩子的教育漠不关心,生活方式也不健康。这样的批评和劝导一直持续到 20 世纪前半期。

由此可见,以面食为中心的意大利菜在美国长期不被接受。尽管意大利的饮食文化后来风靡美国,比萨饼和意大利面也成为美国人的日常食物,但是在很长时间里,在美国这片新天地,意大利面都作为肉类的配菜存在,处于附属地位。

传遍欧洲的美国神话

意大利有大量移民移居美国，那么，在意大利国内流传的"美国神话"，对意大利本土国民的饮食生活又有怎样的影响呢？

在心理上将美国视为理想之国，在行为习惯上向美国看齐，这在意大利由来已久。透过意大利的文学作品可以得知，早在19世纪30年代以及70年代，意大利知识分子中已经形成了将美国视为自由的国度而大加推崇的风潮。不过，这股风潮席卷意大利全国是在19世纪末至20世纪初。19世纪末期，意大利人对美国的印象主要来自美国的那些有教养的富裕阶层人士，他们是意大利知识分子和艺术家访问美国时的交流对象。出访的意大利人只注意到美国的优点，回国后给意大利人介绍的美国自然是片面的和经过美化的。

从19世纪末开始，"平等""自由"这样千篇一律的美国印象在意大利和欧洲各国传播开来。对于停滞不前的欧洲来说，这种美好的梦想无异于一剂良药。知识分子不仅和普通百姓共享这种模糊的梦想，他们还用"摩登""超前""新奇""自由""民主主义""无限的可能性""女性解放"等关键词赞誉这一梦想世界。

总之，从这一时期到20世纪初，意大利人塑造了幻想中的美国形象，"美国梦"传遍意大利全国。那是一个经济发达、崇尚自由的国家，是值得讴歌的理想国度。第一次世界大战结束后，这种印象便渐渐成型，并且被不断地美化和推广。

对于失去世界主导权的欧洲而言，美国无论在文化、思想方面，还是在经济方面，都逐渐掌握了世界霸权。与地中海这一"古代之海"形成鲜明对照，大西洋可谓"新世界之海""未来之海"。欧洲人相信，在大西洋彼岸，一定蕴藏着巨大的财富，一定有无尽的奇妙与未知的机遇。

在美利坚合众国成立之前，对欧洲人而言，新大陆意味着殖民地，是旧大陆的物资供给地。然而，在美国建国后，美洲大陆进入了新阶段，欧洲人开始认为那里有"未来"。大批的欧洲人移民美国，和这种憧憬不无关系。

战后复兴和美国

从第二次世界大战到 20 世纪 50 年代，对于意大利来说，美国的存在感越来越强，美式的实用主义、竞争、社会福利、个人主义、现代化等一系列价值观和制度都成为意大利人追求的目标。1940 年 6 月，意大利追随德国参加第二次世界大战，以战败告终。战后，美军驻留意大利，给意大利人带来了巨大的冲击，美军在意大利人羡慕的目光中享受着丰富的供给。从

50 年代开始，美式生活方式和习惯影响更加广泛，成为意大利人羡慕和模仿的对象。

斯泰诺（Steno）导演的喜剧《一个美国人在罗马》（1954年，图 6-3）反映了意大利人的这种美国崇拜。

在这部电影中，演员阿尔贝托·索尔迪（Alberto Sordi）扮演了一个名叫南多的青年，他籍籍无名，身无一技之长，却狂热地崇拜美国，向往美式生活。对于生活中的一切，他都喜欢用美国人的叫法来称呼。比如，他按照美国的叫法，把实心细面叫作通心粉。在影片中，这种意大利面象征着走出第二次世界大战阴影的意大利回归了善良与纯净。

这一时期，在意大利人的日常生活中，美国食物开始成为美式生活的象征。具有代表性的美国食物有汉堡包、热狗、可口可乐、奶昔和其他快餐。美国电影中

图 6-3 《一个美国人在罗马》电影海报

频繁出现这样的画面：帅气有型的好莱坞明星指间夹着香烟，吐烟的姿势也别具一格，还津津有味地吃着快餐……这样的场景在电视上也屡见不鲜。与此相对，意大利菜被全盘否定。

因为崇拜美国，意大利的战后复兴和现代化均以美国为范本，向美国学习。幸运的是，这种模仿并没有持续太长时间。意大利的年轻人对美国满怀向往，在这一点上，日本当年也是如此。同为欧洲国家的法国，态度却与意大利截然不同。法国人对英美文化持对立态度，他们坚守并弘扬本民族的优秀文化，在语言方面积极抵制英语的渗透。各国对待外来文化态度迥异，这是由于国民性的不同，还是日本、意大利等战败国的悲哀所致？这或许值得反思。

总之，随着美国神话的广为传播，美国崇拜一时间蔚为风潮，许多意大利人开始提倡饮食美国化。他们将意大利面这一国民主食视为落后国家的穷人食物，开始对其予以限制。意大利本土的精英阶层仿佛继承了美国社会工作者的职能，不遗余力地"谆谆教诲"，劝阻国民食用意大利面。值得庆幸的是，意大利面并非不堪一击。它是意大利人在绵延两千年的民族历史中充分利用本土自然风物创造出来的食物，早已深深植根于意大利的土壤中。意大利的民族饮食文化很快从暂时的沉睡中苏醒，以一种睥睨的姿态傲视试图取代它的美国等其他国家的饮食文化。

未来主义者的宣言

接下来，我们一起了解知识分子的文化和思想运动给意大利面带来的威胁。其中，特别需要关注的是未来主义运动。

所谓未来主义，是指 20 世纪初期，在刚统一不久、地域主义依然盛行的意大利，受法国印象派和立体派的影响而诞生的先锋艺术运动。赞美都市生活和机械文明、推崇机械时代的速度与力量的菲利波·托马索·马里内蒂（Filippo Tomasso Marinetti，图 6-4）是这场运动的领袖。

当时，大多数青年艺术家纷纷响应马里内蒂的号召，发表了不少宣言。宣言从文学开始，逐渐扩展到绘画、建筑、雕刻、音乐、戏剧、摄影、电影、时尚以及饮食等文化和生活的各个方面。未来主义文化运动以其独特性大放异彩，影响波及俄罗斯等欧洲国家、美国甚至日本。有些观点即使在今天看来也值得称道。

当然，未来主义也有自身的局限性。它从对机械文明的向往中获得灵感，一味地主张

图 6-4　未来主义诗人菲利波·托马索·马里内蒂

将科学技术融入艺术和生活。"让我们……赞美造船厂深夜开工的激情，赞美如钢铁巨马般的蒸汽机车，赞美那滑行的飞机，它们的轰鸣多么像人们狂热的喝彩"，这是马里内蒂著名的《未来主义宣言》（1909 年）中的一部分。而与本书密切相关的是他的《未来主义饮食宣言》，于 1930 年 12 月 28 日发表在都灵的《人民报》上。

打倒意大利面！

未来主义者认为，日常饮食和宴会应当与其他艺术和科学一样，要以"新哲学"为导向。马里内蒂在饮食宣言中详细阐释了这种"空气般轻盈的"新哲学，他与同道者主张人们应该食用能让人充满活力、思维敏捷的"轻便"食物。他们认为，首先应该打倒的就是意大利面，它是意大利风俗腐化、道德堕落的罪魁祸首。马里内蒂还从科学的角度论证了意大利面是多么缺乏营养，并介绍了"体面"的鱼类和肉类菜品，认为它们富含能量与营养，能满足身体各种感官的需求。

在此引用一下原文：

……

我们未来主义者认为，在未来可能爆发的战争中，能赢得胜利的定是更为轻盈、敏捷的民族。我们已经用自由的语言和当代的文体使世界文学变得言简意赅，用出人意料、反日常逻辑、如同无机物一般简洁的戏剧扫除了剧场的沉闷，用反写实主义赋予造型美术无限的可能，还用无装饰主义创造了几何学建筑的辉煌以及抽象的电影、摄影艺术。现在，让我们制定适合快捷生活的饮食方案吧。

首先，我们认为必须采取以下措施：

一、废除意大利饮食习惯中毫无道理的信仰——消灭意大利面。

英国人的干鳕鱼、烤牛肉和布丁，荷兰人的乳酪烤肉，德国人的泡菜、培根和香肠，每种食物都对他们有益。但面食对于意大利人却毫无益处。例如，它与那不勒斯人的生性敏捷、活力四射极不相符，破坏了他们热情、宽容、富于感性的气质。尽管那不勒斯人平日里食用了大量意大利面，但他们曾是英勇无畏的战士、灵感充沛的艺术家、舌战群雄的辩论家、思维敏锐的律师或刚毅坚强的农民。可正因为长期食用面食，渐渐地，他们仿佛失去了原有的热情，变得冷嘲热讽、感情用事，变成了典型的怀疑主义者。

那不勒斯人西尼奥雷利（Signorelli）博士是一位睿智

的教授，他这样写道："淀粉类食物大部分应在口中通过唾液来消化，以减轻胰腺和肝脏的分解负担。但人们吃意大利面时却不同于吃面包和米饭，并不加以细细咀嚼，而是狼吞虎咽。这会造成胰腺和肝脏功能失调，身体机能紊乱。从而导致人虚弱乏力，陷入悲观主义、中立主义和怀旧的情绪中，无所作为。"

意大利面所含的营养成分比肉类、鱼类和豆类少40%，可如今的意大利人却常年禁锢在面食的枷锁中，不知何时才能解脱。他们就如佩内洛佩纺车迟迟不能完成织物，又如无风驱动的帆船长期停滞。意大利人的才能本可以通过无线电网络跨越大陆和海洋，意大利明媚的风光本可以通过广播和电视让世界各国欣赏，为什么要用面食筑起厚重的壁垒，阻碍这一切呢？如果说拥护意大利面的人是被判处无期徒刑的犯人，那面食就是他们脚镣上沉重的铅球；如果说他们是考古学家，那面食就是他们胃中的废墟。希望你们知道，消灭意大利面可以把意大利从昂贵的进口小麦的重负中解放出来，促进意大利大米产业的发展。

……

完美的食物应满足以下条件：

1. 食物的味道、颜色与餐桌的布置（水晶餐具、陶瓷器具、装饰品）构成独到的和谐状态。

2. 食物具有完全独创性……

3. 食物的造型能让人产生对美味的联想。也就是说，食物的形状与颜色要搭配和谐，在开动之前，能给人带来视觉享受，激起人们的食欲和想象。

比如，未来主义画家菲利亚（Fillia）创作的"雕塑肉柱"，就是对意大利风味的综合性诠释。将 11 种煮熟的蔬菜混入嫩牛肉中，做成粗大的圆柱形肉柱，然后烤熟。肉柱竖立在盘子中央，顶部涂有一层厚厚的蜂蜜，底部用香肠制成的圆圈支撑，紧靠着香肠圈的是三个烤得金黄的鸡肉球。

再如，未来主义画家普兰波利尼（Prampolini）创作的造型食物"赤道与北极"。这道菜在生蛋黄中加入牡蛎，用盐、胡椒和柠檬汁调味，来表现赤道附近的海域。正中央耸立着一个用凝固的蛋白霜做的锥体，其中嵌入了许多橙瓣，用以表现太阳的光辉洒落在山的周围。圆锥顶端装饰着削成飞机形的黑松露，象征着人类对天空的征服。

这些菜肴色香味俱全，集造型、美味于一体，堪称同时代正餐的完美典范。

……

这对意大利面是何等的侮辱！正如大家看到的，这一宣言是对以意大利面为中心的意大利菜的强烈批判。

马里内蒂在宣言中宣称，为了使意大利在未来的战争中取胜，掌握世界文化霸权，意大利人不能只吃意大利面这种缺乏营养而又加重肠胃负担的食物，它甚至会使大脑和胃一同萎缩。同时，他还描述了符合新时代的食谱。但公平地说，马里内蒂褒奖的那些菜肴矫揉造作，奇形怪状，实在难以让人胃口大开。在破坏既有体制、崇尚力量、颂扬军国主义、拥护战争等方面，意大利的未来主义与法西斯主义可谓是共犯。在法西斯时代，墨索里尼就曾把意大利面视为意大利落后的象征而摒弃。

不过，未来主义和法西斯又有何惧？意大利面轻轻松松地避开了凌厉的攻击，如今征服了全世界。很遗憾，未来主义者误判了未来。有趣的是，就在这篇宣言发表后不久，有人目睹了马里内蒂在米兰的一家名叫"Biffi"的餐馆中对着实心细面大快朵颐。这位言行不一的未来主义领袖屡屡遭人鄙视。说起来，墨索里尼似乎也很喜欢意大利面，所以并未推行意大利面的禁食令。

不断增长的肉类消费

尽管美国神话和《未来主义宣言》都竭力想让意大利人远

离面食，但并未给意大利面带来太大的打击。意大利面早已深深植入意大利各地的饮食生活，意大利人不会轻易将其放弃。

不过，近些年来的饮食趋势却给意大利面带来了真正的挑战。意大利面是伴随意大利悠久的历史发展而来的，可到了今天，历史的新潮却可能改变意大利面的存在形式。棘手的是，对于意大利人来说，这种潮流的影响未必是负面的，未必需要阻挡。

首先，意大利人的饮食日益多样化，尤其是肉类的消费大大增加了。20世纪60年代以后，意大利实现了被称为"意大利奇迹"的经济飞跃，意大利国民的收入和饮食生活水平都大大提高了。1968年是值得纪念的一年。这一年，意大利人日均摄入的膳食热量终于达到了3000千卡。无论是资产阶级家庭，还是农民和劳动者家庭，每周都至少能吃上一顿丰盛的大餐了。

在这种趋势下，意大利人无论身份地位如何，都开始增加肉类的摄入。1885年，意大利人均肉类年消费量是11千克，1955年缓慢增至14千克，1960年达到22千克，1975年达到62千克之多，肉类成为意大利菜中的主菜之王。现在，提到意大利菜，人们自然会联想到意大利面、比萨、杂菜汤，除此之外，葡萄酒、各地出产的火腿和乳酪，以及优质的牛肉、猪肉、鸡肉等肉类也让人胃口大开。肉类的普及并不是坏事，只要注意营养均衡，肉类可以为饮食生活锦上添花。问题在于，面食之所以能在意大利生根、发展，正是因为意大利人的饮食生活中有重视蔬菜和谷物的传统，这一点是欧洲其他各国所没有的。如果因为偏好肉类而忽视蔬菜和谷物，引起整个意大利菜系的变化，这对于意大利面来说将是沉重的打击。

远离自然的饮食

另外，随着食品工业的发展，意大利面日渐远离了最初的自然风味。

意大利面是土地赐予意大利人的礼物。小麦、荞麦、马铃薯等作物吸收土壤中的养分，经人类加工，便成了美味可口的食物。因为各地区在各个季节出产不同的食材，人们才能做出各种酱汁，搭配各具特色的面食，将美味发挥到极致。

可是，随着食品加工和保存技术的不断革新，以及覆盖全球的物流网的建立，人们可以不受时空限制，随时随地吃到想吃的美食。在某种程度上，可以说中世纪人们梦寐以求的库卡尼亚国时代已然来到。然而，当人们习惯了这种脱离自然风土与季节韵律的饮食生活，就不再会感恩大地的赐予，不再会细心体味每个季节特有的极致美味。在生产工业化、利润至上的商业主义以及全球化的影响下，食品生产趋于标准化，而且这种趋势日益明显。实际上，旅游景区的特色意大利面也不过是特定的相对少量的流水线产品。

与此相关的是，迈入发达国家行列的意大利，农业人口急剧减少。据 ISTAT（意大利国家统计局）调查显示，1971 年，意大利农业人口占各行业总人数的 20.1%，1981 年占 13.3%，1991 年降至 8.4%，到 2000 年，只占 5.3%。这种下降速度让人感到惊讶甚至可怕（根据 2010 年的《日本农林水产品贸易的最近动向》所述，2008 年，意大利农林业从业人口只有 86 万人。另据 ISTAT 的其他调查显示，从 2008 年到 2010 年，意大利的农业用地减少了 8%）。与此同时，服务业（第三产业）从业者迅速增多，从 1971 年的 40.4% 增长至 2000 年的 62.6%，工业人口则呈递减趋势。综上可见，人们的生活日渐远离自然，在这种形势下，唯独要求饮食文化回归自然，无疑是非常困难的。

女性进入社会与意大利面

最后，长期以来，主妇负责在家做饭是意大利的传统，但近年来这种情况发生了巨大的改变。第 5 章曾讲到，由于资产阶级意识形态和天主教会阻碍女性进入社会，因此，从 19 世纪到 20 世纪前半期，意大利女性迟迟没有进入社会。

第二次世界大战后，尽管女性获得了参政权，在法律上实现了男女平等和劳动条件平等，但这种改变并不是一蹴而就的。直到近二三十年，意大利女性终于开始大规模地进入社会，相关法律也得到了完善，女性解放运动取得了值得庆贺的进展。有言论认为，手工意大利面制作起来费工费时，还需要用文火长时间煮制，烹饪者必须在一旁细心照看，因而是反女权主义的食物。刻意赞美主妇擅长制作意大利面，称其为"意大利母亲"，其实是政治与宗教合谋的骗局，目的是将女性禁锢在家中，以维持男性在公共生活中的优势地位。这种观点也是可以理解的。

从促进女性走入社会这一角度看，迅速发展的速食、冷冻食品产业，以及适度发展的餐饮业是巨大的福音。起初，意大利人认为冷冻食品有害健康，鄙弃这类食品。不过，近年来冷冻食品的消费量开始稳步增长。

由于女性走入社会和生育率的下降，家庭形态不像过去那样稳定了。家庭法也从制度上进行了变革，全方位影响着家人之间的关系与家庭形态。妈妈的味道以及全家人围坐在大大的餐桌前分享美食的场景渐渐消失了。意大利面的消费未必减少，不过母亲和妻子几乎不再亲手制作面食。自助餐厅和学校食堂中的意大利面味道马马虎虎，连外国人都觉得食之无味，而一向对面食十分挑剔的意大利人居然可以忍受，真是不可思议。

由此可以看出，意大利面在发展中面临着两个问题。其一是，意大利各地与传统节日密切相关的珍品意大利面逐渐消失。其二是，为意大利面平添了许多魅力的"妈妈的味道"在日益减退。关于前者，我在结语中提到的慢食运动或许能提供一些解决办法。

　　后者则蕴含更加微妙的心理因素。过去，意大利面一直与母亲紧密相连。时至今日，这种联系渐渐衰微。这让珍视"妈妈的味道"的人感觉有些失落，也是意大利面魅力的一种丧失。我想，现在或许该为意大利面编织新的故事、增添新的魅力了。

结语

历史上的意大利面

面食者＝意大利人

"与其说我们是一个民族，倒不如说是聚集在一起的团体。不过，每到午餐时间，面对盛满实心细面的盘子，整个意大利半岛的居民就会认识到自己是意大利人……无论是兵役、普选（权），还是纳税义务，在发挥统一作用方面都不如实心细面。意大利复兴运动的先驱们梦想的意大利统一，正体现在今天的酱汁意大利面上。"

正如著名记者切萨雷·马尔基（Cesare Marchi）这番话所描述的，意大利面与意大利人有着不可分割的联系。在某种程度上，意大利面的历史就是意大利的历史，本书回顾的历史也证明了这一点。意大利地形多样，各地风土不同，早在古代就诞生了一些简单的意大利面。不过，意大利面真正得到发展是在中世纪到现代。这一时期，促成意大利面发展的各要素渐次登场，相互融合。在意大利南北各地区内部和跨区域的相互联系中，意大利面随着历史的推进发展、分化，在意大利建成统一的民族国家时，达到了发展的顶峰，与意大利国家和民族融为一体。

意大利面与意大利历史

让我们简单回顾一下意大利面的历史轨迹。古代的美索不达米亚人最先开始种植小麦，希腊人和罗马人将小麦磨成粉，主要用来制作面包，同时也开始将小麦粉加水和成面团，做成类似千层面的食物。中世纪初期，随着日耳曼人入侵意大利，小麦文明衰落，用杂粮、蔬菜和豆类制成的杂菜汤成为农民的日常食物。这种杂菜汤在日后成为孕育意大利面的母体，在意大利饮食文化史上占据着重要地位。

真正的意大利面——在第一阶段用面团制作的基础之上，在第二阶段的烹饪过程中采用与水结合的方法——出现在11～12世纪，西西里地区制作干意大利面，意大利北部则制作鲜意大利面，我们分别追溯了两者的发展历程。虽然意大利面最初是作为平民食物登场的，但由于作为原料的小麦价格不菲，它并没有作为日常食物普及。随着意大利南部和热那亚的制面厂、从事面食贸易的商人的出现，以及意大利北部各城市面食基尔特的成立，意大利面的生产规模渐渐扩大。

大航海时代，从新大陆引入的南瓜、番茄、玉米、马铃薯等新食材和香辛料，被人们用来制作各色意大利面，或者做成馅料和酱汁搭配意大利面，担负起开创意大利面新时代的重任。特别是17世纪番茄酱的发明，改变了市民的饮食生活，使他们从菜食者变成了面食者。在最早引入制面机的那不勒斯，番茄酱为意大利面在当地的普及作出了巨大贡献。

　　近代以后，意大利经历了粮食危机和经济危机，平民生活日益贫困，意大利面的消费也因此减少，各地的面食逐渐发展出自己的特色。当意大利在政治上成为独立、统一的国家时（1861年），意大利面担负起促进意大利饮食统一的重任（阿图西对此功不可没）。20世纪前后，出现了反对意大利面的声音，反对者宣称，意大利面有害人们的身心健康，会阻碍国家发展。这种非难并未持续多久，第二次世界大战后，意大利面逐渐成为真正的意大利国民食物，并深深植根于意大利人的日常饮食生活中。

　　世界如此广阔，但像意大利面这样与民族和国家同进退，最终融入国家历史的食物或食材，是绝无仅有的。日本的大米和米饭虽然从古代开始一直支撑着日本人的饮食生活，但它谈不上精巧复杂，也不像意大利面那样，与国家历史有密切的联系。那么韩国和朝鲜的泡菜呢？在与民族历史的紧密联系方面，看起来很相似。不过，加入大量辣椒腌制的泡菜其实是后来的产物，20世纪以后才普及，把它视为民族饮食文化的灵魂，不过是现代人的看法。中国家菜似乎和民族历史关系密切，但中国家菜种类繁多，广泛运用各种食材，无法聚焦于某种特定的食材或食物。如此看来，能与意大利面相提并论的，似乎只有印度的咖喱了。

总之，意大利面与意大利历史这种深厚、绵长、复杂的联系，在全世界范围内应该是没有先例的。如今，意大利面已经从意大利走向世界，成为世界人民喜爱的美食。没有其他任何一种食物能像意大利面这样"风靡全世界，粉丝满天下"了。在世界各地，无论政治、文化是否与意大利相似，很多人都在食用意大利面。今天，意大利面已经从意大利饮食史的主角变成了世界饮食史的主角。

地中海式饮食

20世纪60年代以来，尤其是进入80年代以后，"地中海式饮食"赢得了人们的喜爱。近年来，为了预防现代社会的"副产品"——生活方式病，越来越多的人开始探讨地中海式饮食的保健功能。世界上许多科学家都在致力于研究、阐明这种饮食方式的保健功能及其原理。以植物的有益部分为主要能量来源，是地中海式饮食的特征。其中，主要能量来源包括谷物及其制品，也就是说，以面包、意大利面、粥等为主食。此外，搭配丰富的蔬菜、豆类、水果、植物油等。肉类虽没有被排除在这一饮食体系之外，但摄入量相对较少。

将地中海式饮食（特别是意大利菜）的保健功效公之于众的是美国的罗塞托案例，这一案例曾引起巨大的反响。罗塞托是聚居在宾夕法尼亚州的一个村庄的小团体，他们的原籍均为意大利普利亚的罗塞托·瓦尔福尔托雷村（Roseto Valfortore）。他们虽然生活在美国，但祖上至少三代人都保持着意大利式的饮食方式。

俄克拉荷马州立大学的研究小组曾进入该村进行调查。结果显示，罗塞托的村民很少患有周围居民多发的疾病，特别是心脏病（截至60年代）。其中有不少90～95岁高龄的老人，他们虽然体形胖，但身体却很健康，很少生病。究其原因，有许多假说，其中饮食习惯成因论最具说服力。喝红葡萄酒、吃实心细面和青椒、用橄榄油烹饪，这是罗塞托居民基本的饮食习惯。

60年代以后，这个村庄的年轻人逐渐丢弃了祖辈和父辈的饮食习惯，饮食方式开始美国化，结果不久就患上了心血管疾病。这进一步证实了意大利传统饮食的保健功效。

慢食运动中的意大利面

　　保持以意大利饮食传统为代表的世界各国优秀饮食传统的运动被称为"慢食运动"。1938年，人们为保护意大利传统的葡萄酒和食物成立了"Arcigola"协会，1986年发展成为慢食协会。1989年12月，15个国家的代表齐聚巴黎，签署并发表了《慢食宣言》，从而使慢食发展成一项国际运动。

　　国际慢食协会会长卡洛·彼得里尼（Carlo Petrini）提出了慢食三原则：美味（食物）、清洁（生态）、公平（生产者）。他还指出，人们应当从"吃什么"这一日常饮食的原点再次出发，构建有利于保护地球未来、保持生态平衡、应对气候变化以及摆脱经济危机的可持续发展的饮食体系，否则人类便没有未来和幸福可言。

　　为此，从2004年开始，名为"大地母亲"的世界生产者会议在慢食运动中发挥中心作用。由于农民、渔民、牧民以及小规模食品生产者等从事慢食的生产和流通的人平时很难有机会相遇，会议的目的就是将他们从世界各地集聚一堂，就日常饮食问题展开讨论。"大地母亲"主张，蔬菜、谷物、家畜等当地的植物和动物必须多样化，即使为此负担高成本，也要保护好当地的特产和乡土菜。

　　近两百年来，工业化席卷了整个世界。诚然，它以发展的名义提升了北半球居民的生活质量，但过度的工业化也带来了许多弊端。在全球化的后工业社会，跨国公司控制了农业体系，一味重视技术，以卖出产品为唯一目的。慢食运动力图改善今天的这种农业形态。

意大利面算是一种快餐，只要有面粉，就很容易做出来。但它也应该在慢食运动中占有一席之地，因为它是在自然与人类饮食文化的历史联系中诞生、成长的，这一点本书曾多次强调。另外，人们已经从科学角度证实了意大利面的保健功效。用意大利面搭配其他食材，既能给人带来饱腹感，又实现了营养均衡。面食入口之后，其中的淀粉在淀粉酶的作用下分解为葡萄糖，经小肠被人体吸收。由于面食转化为葡萄糖比直接摄入葡萄糖慢得多，因此可以长时间为身体提供能量，不会导致血糖迅速升高，也不会过分刺激胰岛分泌胰岛素，从而预防肥胖和糖尿病。

从意大利到世界，意大利面走上了新的历史舞台。意大利面不再为意大利人所独享，它在许多国家大受欢迎。今后，意大利面将如何融入世界历史，与世界历史互相影响、共同发展呢？我满心欢喜地期待着它的华丽变身。

作为历史学研究者，我希望大家能认真回顾自己的国家和世界的历史，从而更加深入地理解当代的各种问题，将历史作为未来的指南针。通过本书，如果大家能够意识到，即使是意大利面这种身边微不足道的事物，也与宏大的历史密切相连，如果本书能引起大家对历史的兴趣，我将备感荣幸。

后 记

摆正意大利面在意大利历史中的位置，这类书籍似乎是有的，但其实不然。关于意大利面的食谱和美食类书籍数不胜数，关于意大利面历史或意大利饮食文化史的书籍，姑且不论内容是否正确、详尽，现在也并不少见。可是，认认真真致力于研究意大利面和意大利历史——包含政治、经济、社会、文化、宗教等在内的综合性历史书却是没有的。编辑对我提出的要求是，让读者在聆听关于意大利面的趣味故事的同时，能够了解意大利历史的基本脉络。坦率地说，起初我非常担心怎样才能兼顾编辑这两方面的要求。不过在写作过程中，我竟然渐渐地发现了意大利面和意大利历史之间不可分割的联系，对此我自己也大感意外。由此我深切地认识到，只要我们认真发掘，就能发现历史中蕴藏的许多乐趣。

本书在编写过程中也参考了许多意大利语书籍，在此仅列出日语参考文献。

池上俊一：《世界饮食文化 15：意大利》，农山渔村文化协会，2003 年

石毛直道：《面的文化史》，讲谈社学术文库，2006 年

内田洋子、S. 皮耶尔桑蒂：《番茄与意大利人》，文春新书，2003 年

大冢滋：《面包、面与日本人——小麦的馈赠》，集英社，1997 年

大矢复：《意大利面的迷宫》，洋泉社（新书 y），2002 年

奥村彪生：《日本面类的历史与文化》，美作大学，2009 年

卡帕蒂·阿尔贝托、马西莫·蒙塔纳里著，柴野均译：《意大利饮食文化史》，岩波书店，2011 年

雷蒙德·卡尔韦尔著，山本直文译：《面包》，白水社（kuseju 文库），1965 年

北原敦编：《新版世界各国史 15：意大利史》，山川出版社，2008 年

北村晓夫：《千面意大利——多样而丰饶的近代》，NHK 出版，2010 年

卡洛·彼得里尼著，石田雅芳译：《慢食运动的奇迹——美味、清洁、公平》，三修社，2009 年

森田铁郎、重冈保郎：《世界现代史 22：意大利现代史》，山川出版社，1977 年

马尔科·保罗·莫利纳里编，菅野麻子译：《意大利面万岁！》，利贝塔出版，1999 年

本书是我继写作《世界饮食文化 15：意大利》、监修安东尼·罗利（Anthony Rowley）的《美食的历史》（创元社）后，出版的第三本关于饮食文化的书。由于主题的相关性，本书与《世界饮食文化 15：意大利》有部分内容重合。

"在意大利饮食文化研究领域，已经有了马西莫·蒙塔纳里这位优秀的意大利本土研究者，你不如改换研究领域，专心研究中世纪的声景①。"我的法国恩师雅克·勒戈夫（Jacques Le Goff）这样对我说过。本想谨遵恩师教诲，可是饮食文化实在有趣，一有相关的工作，我就忍不住接下来。本想写完这本书后就此结束，转而投入对声景的研究，但最后还是要向大家坦白，我又完成了一本《幻想的餐桌》。这是一本酝酿已久的作品，展示了中世纪饮食蕴含着的丰富想象力。

我衷心地希望这本书能成为受读者喜爱、经久不衰的好书。另外，由于第一次撰写内容相对轻松易懂的作品，我有许多困惑，为我传授写作技巧的是岩波书店编辑部的朝仓玲子女士。

---

① soudspace，也叫声学环境，包含特定的环境声和听者的感受、解释。声景学研究人、听觉、声环境与社会间的关系，涉及自然环境声的录制、文献声环境分析、艺术化声景观创作等。

她指出了应当加以详细说明和予以删减之处，帮助我把这本书修改得更加简明易懂，让我受益匪浅。如果没有她的鼎力相助，本书或许难以面世。在此向她表示深深的感谢！

从出生至今，我的人生一直波澜不惊，很少有欣喜若狂的时候。尤其是近年来，日本乃至全世界似乎都笼罩在一种沉闷的气氛中，我也越发感到郁闷。

在本书完成之际，我想对广大读者和自己说：

"吃点意大利面，让自己振作起来！"

池上俊一

2011 年 10 月

意大利年表（黑体字为与意大利面相关的年表）

前 9000 ~ 前 7000	**美索不达米亚开始种植小麦**
前 800	希腊开始在西西里和意大利半岛南部建设殖民城邦
前 753	相传罗慕路斯（Romulus）建立罗马城
前 7 世纪末	伊特鲁里亚人统治罗马（~前 6 世纪末）
前 509	罗马共和政体成立
前 264	罗马陆续发动三次罗马-布匿战争（~前 146），在海外开拓疆域
前 46	尤利乌斯·恺撒（Julius Caesar）任独裁官
前 27	奥古斯都成为罗马帝国开国皇帝
117	在图拉真大帝（Trajanus）的统治下，罗马帝国的版图达到最大范围
303	对基督教徒开始最后一次大迫害
313	君士坦丁大帝（Constantinus）正式承认基督教
4 世纪末	**烹饪书《阿比修斯》（*Apicius*）问世，收录了类似于千层面的食谱**
410	西哥特人攻占罗马

476	雇佣兵队长日耳曼人奥多亚克攻占罗马,西罗马帝国灭亡
493	东哥特王狄奥里多克谋杀了奥多亚克,在意大利建立东哥特王国
535	拜占庭军队在西西里登陆,翌年占领罗马
568	伦巴第人侵入意大利,建立伦巴第王国
756	法兰克国王丕平从伦巴第国王手中夺取原拜占庭领土,并将其进献给教皇
800	教皇利奥三世(Leo III)加冕法兰克王国查理曼大帝为西罗马帝国皇帝
870	根据《墨尔森条约》,法兰克王国一分为三
902	伊斯兰的艾格莱卜王朝统治西西里岛全境
962	德意志国王奥托一世加冕成为包括意大利在内的神圣罗马帝国皇帝
1075	教皇格列高利七世和皇帝海因里希四世开始争夺叙任权
约 1096	博洛尼亚地区成立城市自治体
1130	西西里伯爵罗杰二世建立两西西里王国(诺曼朝)
约 12 世纪	意大利开始普及三圃制农耕法

约 1154	阿拉伯地理学家阿尔·易德里斯报告了巴勒莫近郊的干意大利面产业概况
1167	伦巴第城市联盟结成，成为与神圣罗马皇帝对抗的归尔甫党的中心力量
1187	拜占庭皇帝赋予威尼斯特权
1215	佛罗伦萨开始归尔甫党与吉伯林党之争
1279	热那亚的一份遗产目录中记载了"满满一木箱通心粉"
13 世纪末	萨林贝内在《编年史》中记载了各种意大利面
13 世纪末～14 世纪初	那不勒斯的烹饪书中出现了用水煮方式烹饪千层面的记载
1347 ~ 1349	黑死病大规模流行，各地出现大量死者
1353	薄伽丘完成《十日谈》，第八天第三个故事中出现了库卡尼亚国
1442	西班牙阿方索五世征服那不勒斯王国
15 世纪中期	科莫的马蒂诺大师在《烹饪艺术全书》中介绍了三种意大利面食谱
1492	哥伦布发现新大陆
1494	法国国王查理八世远征意大利，意大利战争开始（~ 1559）

1506	圣彼得大教堂开始重建（1626 年竣工），拉斐尔、米开朗琪罗、贝尼尼等文艺复兴、巴洛克时期的代表艺术家参与建造
1532	佛罗伦萨从共和制变为君主制
1554	**番茄传入意大利**
1559	西班牙的哈布斯堡家族统治意大利大部分地区（卡托-康布雷齐和约）
16 世纪中期~17 世纪	**各地城市成立面食业基尔特**
1570	**巴托洛米奥·斯嘎皮出版《烹饪艺术集》，收入了许多意大利面食谱**
1584	**埃斯特家族的餐桌上出现了南瓜馄饨**
16 世纪末	**机械式和面机和压面机出现**
17 世纪初	**乔瓦尼·德尔·特科推崇"筋道"的面条口感**
1647	那不勒斯爆发马萨涅洛起义
17 世纪后半期~	**那不勒斯开始推广细面条（实心细面）**
17 世纪末	**那不勒斯的安东尼奥·拉蒂尼发明了番茄酱**
1786	歌德第一次前往意大利旅行（~ 1788，《意大利游记》出版于 1816 ~ 1817 年）
1796	拿破仑占领意大利北部大部分地区，建立若干个共和国

1814	拿破仑失败后，意大利北部分裂为教皇领地、各公国、撒丁王国、两西西里王国
1831	马志尼建立青年意大利党
1849	法国军队占领罗马共和国
1861	意大利王国成立，撒丁的维托里奥·埃马努埃莱二世成为首任国王
1870	继 1866 年统一威尼托后，意大利王国统一拉齐奥。翌年罗马成为首都
1880 年代～	意大利南部开始美国大移民
1891	**佩莱格里诺·阿图西的著作《烹饪科学与美食艺术》出版**
1915	撕毁三国同盟（德、奥、意），加入协约国参加第一次世界大战
1922	法西斯党墨索里尼内阁成立
1930	**马里内蒂发表《未来主义饮食宣言》**
1935	意大利军队入侵埃塞俄比亚
1940	参加第二次世界大战
1943	与盟军签署停战协议。德军占领那不勒斯以北地区，与盟军一直战斗至第二次世界大战停战
1946	经公民投票废止王政，意大利共和国成立
1951	签署欧洲煤钢共同体（后来的 EU）条约

图书在版编目（CIP）数据

意大利面里的意大利史 ／（日）池上俊一著 ；马庆
春译. —— 海口 ：南海出版公司，2018.9
ISBN 978−7−5442−9348−8

Ⅰ. ①意… Ⅱ. ①池… ②马… Ⅲ. ①面条−历史−
意大利−通俗读物②意大利−历史−通俗读物 Ⅳ.
①TS972.132−095.46②K546.09

中国版本图书馆CIP数据核字（2018）第139850号
著作权合同登记号　图字：30−2017−151

PASUTA DE TADORU ITARIASHI
by Shunichi Ikegami
© 2011 by Shunichi Ikegami
First published 2011 by Iwanami Shoten, Publishers, Tokyo.
This simplified Chinese edition published 2018
by ThinKingdom Media Group Ltd.,Beijing
by arrangement with the proprietor c/o Iwanami Shoten, Publishers, Tokyo
All rights reserved.

意大利面里的意大利史

〔日〕池上俊一 著

马庆春 译

出　　版　南海出版公司　（0898）66568511
　　　　　海口市海秀中路51号星华大厦五楼　　邮编 570206
发　　行　新经典发行有限公司
　　　　　电话（010）68423599　　邮箱 editor@readinglife.com
经　　销　新华书店

责任编辑　秦　薇
特邀编辑　郭　婷
装帧设计　李照祥
内文制作　博远文化

印　　刷　北京汇林印务有限公司
开　　本　850毫米×1168毫米　1/32
印　　张　6.5
字　　数　100千
版　　次　2018年9月第1版
印　　次　2018年9月第1次印刷
书　　号　ISBN 978−7−5442−9348−8
定　　价　45.00元